本书由中原工学院学术专著出版基金资助出版

混合光力学系统诱导透明、力学传感及其相关现象研究

贺庆 著

WUHAN UNIVERSITY PRESS
武汉大学出版社

图书在版编目(CIP)数据

混合光力学系统诱导透明、力学传感及其相关现象研究/贺庆著.—武汉：武汉大学出版社,2022.9
ISBN 978-7-307-23302-7

Ⅰ.混…　Ⅱ.贺…　Ⅲ.光测力学—研究　Ⅳ.O348.1

中国版本图书馆 CIP 数据核字(2022)第 163162 号

责任编辑:王　荣　　责任校对:李孟潇　　版式设计:马　佳

出版发行:**武汉大学出版社**　(430072　武昌　珞珈山)
(电子邮箱:cbs22@ whu.edu.cn　网址:www.wdp.com.cn)
印刷:武汉邮科印务有限公司
开本:787×1092　1/16　印张:11.25　字数:222 千字　插页:1
版次:2022 年 9 月第 1 版　　2022 年 9 月第 1 次印刷
ISBN 978-7-307-23302-7　　定价:49.00 元

前　言

　　光力学作为量子光学和纳米科学的交叉研究领域，主要研究光学腔场与机械振子之间的相互作用，逐渐成为一个热门的研究方向。光力学系统具有许多优点：第一，光力学系统是在量子力学的框架下研究光是如何操纵和探测力学振子的运动，能够产生光和力学振子的非经典态。第二，利用光力学系统，能够对力、位移、质量等微小的物理量进行光学高灵敏度测量。第三，在量子信息处理中，光力学系统能实现光与物质的相干作用，还能实现静止量子比特和飞行量子比特之间的信息交换，这些是构成未来长距离量子通信和量子网络的基础。第四，利用光学腔与力学振子的耦合作用，实现不同量子系统之间的耦合，能够把不同量子系统的优点集中到同一个混合光力学系统中。

　　本书主要研究混合光力学系统诱导透明、力学传感及其相关现象，这些结果有助于进一步深入了解混合光力学系统中诱导透明、诱导放大、诱导吸收、快光与慢光、正交模式劈裂、弱力传感、力学振子冷却等现象，探讨其产生的物理机制，为后续开展量子信息处理、固态量子存储器、量子精密测量等方面的研究奠定了坚实的基础。

　　本书主要研究内容包括以下三个方面。

　　(1)关于光力诱导透明、诱导放大、诱导吸收现象的相关研究。具体来说，在第 3 章含有光学参量放大器的光力学系统中，通过改变两个带电力学振子之间的库仑耦合强度、光学参数放大器增益、驱动光学参数放大器的光场相位、耦合光场功率等参数，研究光力诱导透明现象和慢光效应。在第 4 章含有 N 个 Λ-型三能级原子的光力学系统中，通过改变力学薄膜与光学腔之间的平方耦合强度、三能级原子系综与光学腔场之间的集体耦合强度、控制场与三能级原子之间的拉比频率、耦合光场功率等参数，能够实现光力诱导透明和控制诱导透明窗口。在第 5 章混合光力学系统中，力学振子中存在二能级量子比特，通过改变探测光对于光学腔的作用、外加驱动场对力学振子作用等条件，来研究诱导透明、诱导放大和诱导吸收现象。在第 8 章多模平方耦合的光力学系统中，研究力学振子和光学腔之间的平方耦合作用、力学振子频率、光学参数放大器增益、驱动光学参数放大器的光场相位等参数，研究光力诱导透明和在斯托克斯(反斯托克斯)过程中的输出功率。

　　(2)关于力学振子的位移谱和光学场的压缩谱研究。在第 6 章含有光学参数放大器和二能级原子系综的光力学系统中，通过改变光学参数放大器的增益、原子系综与光学腔场的耦合作用、温度、泵浦场的功率、原子系综与外部驱动场之间有效耦合强度等参数，研究其对力学振子的位移谱和光学场压缩谱的影响。在第 7 章辅助二能级原子系综平方耦合的光力学系统中，改变线性耦合和平方耦合作用强度、光学腔场与原子系综之间有效耦合强度等参数，在光学谱中会出现三个峰，且可以有效地控制三个峰的峰值和位置。

（3）关于弱力传感和力学振子冷却的研究。在第 9 章具有耗散耦合的混合光力学系统中，最优相位角有助于实现更好的力学传感。在蓝色失谐下，光学参数放大器和克尔介质的共同作用对提高力学灵敏度有显著影响；而在红色失谐下，裸的光力学系统相比光学参数放大器和克尔介质共存的情况，会表现出更灵敏的力学传感。此外，当只存在光学参数放大器时，随着光学参数放大器增益的增加，在红色失谐下力学振子的冷却效果被减弱。

本书作者贺庆博士是中原工学院理学院教师，长期从事量子光学和光力学的理论研究。本书的出版得到中原工学院学术专著出版基金资助。十分感谢中原工学院理学院领导在本书撰写过程中给予的大力支持和帮助。最后，对所有给予帮助的朋友致以最衷心的感谢！

贺　庆

2022 年 5 月 19 日

目　　录

第1章　光力学系统概述

1.1　光力学系统研究背景

"辐射压力"这个名词是由开普勒提出的，他提出这个名词，是为了利用太阳光对彗星的辐射压力来解释为什么彗星的尾巴总是背离太阳的方向[1]。麦克斯韦在研究电磁场时，也预测光具有动量，且认为这是辐射压力产生的原因[2]。随着量子力学的发展，人们认识到光具有波粒二象性。当光照射到物质的表面时，对物体的表面会产生辐射压力。值得注意的是，在 2018 年 Pozar 等利用声学传感器测量弹性波，此弹性波是由激光脉冲作用到镜子上产生的，利用此方法能够间接地测量光子的动量[3]。

近年来，随着科学知识的进步和实验水平的提高，光力学系统作为量子光学和纳米科学的交叉研究领域，逐渐成为一个热门的研究方向。首先，辐射压力可以用于超灵敏测量，如引力波的观测[4]、极其微小的力[5,6]（质量[7,8]或者电量[9]）的测量；其次，利用辐射压力能产生光与力学振子的纠缠[10-12]、光场的压缩态[13-15]或者量子相干态的转移[16]；此外，辐射压力还可以用于力学振子的冷却[17-19]等。

1.2　光力学系统分类

1.2.1　典型光力学系统

目前，典型光力学系统主要分为：法布里-珀罗（Fabry-Perot，FP）腔光力学系统、薄膜腔光力学系统、回音壁模式微腔光力学系统、光子晶体微腔光力学系统和微波腔光力学系统[20,21]。图 1.1 介绍各类光力学系统中光学腔的品质因子[20]，图 1.2 介绍各类光力学系统中机械振子的质量[21]。

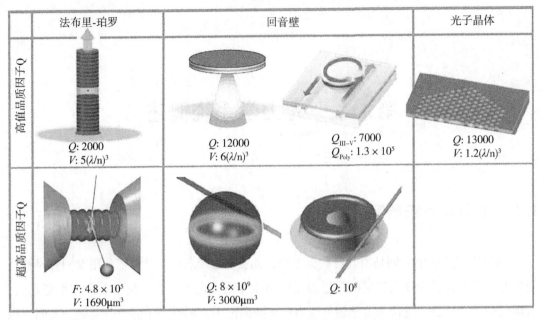

图 1.1　各类光力学系统中光学腔的品质因子参数[20]

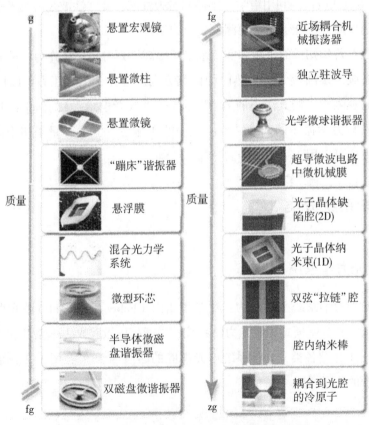

图 1.2　各类光力学系统中机械振子质量参数[21]

下面简单地介绍五种典型光力学系统的特点。

第一，法布里-珀罗腔光力学系统[22]。如图 1.3 所示，光学腔左侧的镜子是固定且半透射的，右侧的镜子是全反射的且是可以移动的。光力耦合作用的原理：当探测场作用到光学腔时，光子在光学腔内经过多次反射才会离开光学腔，此过程能够增加光学腔内的光场强度，同时也能够增加光子对力学振子的辐射压力；当光对力学振子辐射压力不同时，力学振子偏离平衡位置的位移也不相同，造成了光学腔有效长度的改变，光腔内的共振频率也随之改变。其特点是力学振子品质因子较高，而光学腔的品质因子不高。

图 1.3 法布里-珀罗腔光力学系统示意图[22]

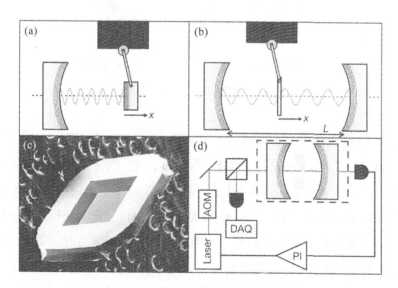

图 1.4 薄膜腔光力学系统示意图[23]

第二，薄膜腔光力学系统[23]。如图 1.4(b) 所示，光学腔左、右两侧的镜子都是固定的，将带有 SiN 薄膜（长度为 1mm，宽度为 1mm，厚度为 50nm）的硅片[图 1.4(c)]放置到光学腔内。与法布里-珀罗腔光力学系统相比较，由于薄膜不是光学腔的一部分，这有利于制备出高品质的光学腔。此外，薄膜在光学腔中的位置是自由的，因此薄膜与光学腔之间的耦合强度是可以调节的。具体来说，当力学薄膜放置到光学腔模频率的波节（Nodes）

3

位置时，薄膜与光学腔之间的耦合作用是线性的；而当薄膜放置到光学腔模频率的波腹（Antinodes）位置时，薄膜与光学腔之间的耦合作用是呈平方关系的[4]。

(a) 微盘腔　　　　　　　　　　　(b) 微芯环腔

(c) 微环腔　　　　　　　　　　　(d) 微球腔

图 1.5　回音壁模式微腔光力学系统[18,24,25]

　　第三，回音壁模式微腔光力学系统。如图 1.5 所示，其主要分为[18,24,25]：微盘腔（Microdisk）、微芯环腔（Microtoroid）、微环腔（Microring）、微球腔（Microspere）等。在回音壁模式微腔光力学系统中，光学腔的模式是回音壁模式（Whispering Gallery Mode，WGM），而力学模式是径向振动模式（Radial Breathing Mode，RBM）。光学腔模式与力学模式的耦合原理是：当环型光腔中循环运动的光子对微腔壁施加辐射压力时，微腔的结构产生形变；反过来，微腔结构的变化也能够改变微腔内光场的分布。此外，回音壁模式微腔具有品质因子高、尺寸小、易加工集成等优势，其可以应用于：①在回音壁模式微腔中掺杂稀土离子或者量子点，可以实现较低阈值的激光器[26-28]；②两个回音壁模式微腔之间可以实现相互耦合，具有良好的可扩展性。例如，Totsuka 等研究将两个不同直径的超高品质二氧化硅微球腔串联耦合到同一个光纤锥上，可以出现诱导透明现象[29]。此外，在回音壁模式微腔光力学系统中，能够实现力学振子的基态冷却[18,19]。例如，Schliesser 等在实验上就将振动频率为 50MHz 的力学振子从室温冷却到了 11K[19]。

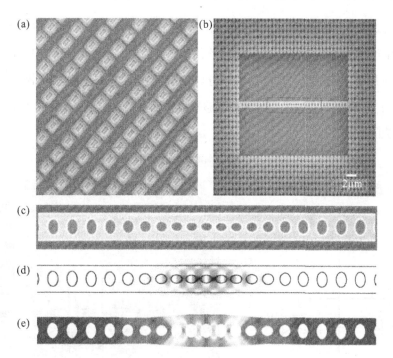

图 1.6　光子晶体微腔光力学系统[30]〔(a)光力晶体纳米腔阵列；(b)单个纳米腔；(c)光力晶体的缺陷区域；(d)利用有限元方法模拟的光场模式；(e)利用有限元方法模拟的力学模式〕

　　第四，光子晶体微腔光力学系统[30-39]。光子晶体是由 John[31] 和 Yablonovitch[32] 分别提出的，他们在实验中把不同折射率的介质按照周期性排列形成人工微结构，材料的周期性能够产生有趣的现象。在光的传输过程中，光子晶体可以精确地用于引导和分散光束，合理地限制和捕获光，从而增强非线性的光学作用。光子晶体也可以形成平面光波电路，用于光-电微系统的集成。此外，在光子晶体中加入点缺陷(或者线缺陷)，可以实现对光的控制[33-37]。如图 1.6 所示，Safavi-Naeini 等在实验上利用存在缺陷的一维光学晶体，实现了光子晶体微腔光力学系统[30]。在光子晶体中，引入缺陷后会破坏原来的周期性，从而在光子禁带内产生了共振频率，可以形成高品质的光学腔。光子在高品质的光学腔中循环，可以形成较强的辐射压力，而辐射压力反过来又改变微腔的结构和腔内光场的分布[30,32]。在光子晶体微腔光力学系统中，也可以实现光的延迟[30]、光的存储[38]和力学振子基态冷却[39]等应用。

　　第五，微波腔光力学系统[40-44]。在微波腔光力学系统中，微观的电感和电容可以代替光学腔和力学振子，在微波场的辐射压力作用下，构成微波腔光力学系统。2011 年，Teufel 等在实验中利用微波电路实现了微波腔光力学系统，通过改变泵浦场的功率，可以实现微波腔与力学振子之间的强耦合[40]，也能够实现力学振子的冷却[41]。此外，如图

1.7 所示，在 2011 年 Massel 等提出利用机械振荡的原理进行微波信号放大的概念，信号会在微波腔中产生相干受激辐射，从而导致信号的放大[42]。图 1.7(a) 中，微力振子的可变电容与微腔并联，其中输入微波场可以分解为泵浦相干场 α_p（蓝色失谐）和含噪声的输入信号 $a_{in} = \alpha_{in} + \delta a_{in}$，而输出信号 a_{out} 能够对输入信号 a_{in} 进行放大；图 1.7(b) 为微波放大光力学系统的实物图。

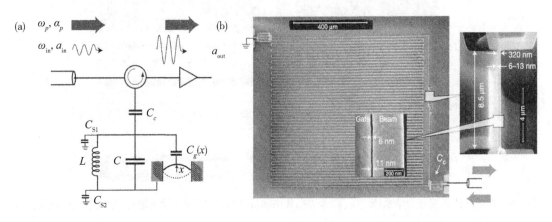

图 1.7　电力微波放大（Electromechanical Microwave Amplification）[42]

1.2.2　混合光力学系统

在进行量子信息处理时，混合系统能够将不同物理系统的优点结合起来，构成一个整体系统[21]。例如，有的单量子系统具有很强的相互作用，这有利于进行量子计算；有的单量子系统有很好的相干性，这便于长时间存储数据；有的单系统具有远距离通信的能力。随着实验技术的提高，对光力学系统的研究进一步深入，能够把不同量子系统的优点集中到混合系统中，因此人们对混合光力学系统的研究越来越感兴趣[45-47]。接下来，详细介绍几种混合光力学系统。

首先，在法布里-珀罗腔光力学系统中，可以放入光学参量放大器（Optical Parametric Amplifier，OPA）构成的混合光力学系统[45]。当泵浦场作用到光学参量放大器上，会增强光学腔的非线性效应。如图 1.8 所示，Huang 等发现通过辐射压力的作用，在光学参量放大器的作用下，能够有效地冷却力学振子的温度[45]。具体来说，混合光力学系统中力学振子的温度可以从室温 300K 冷却到毫开尔文温度量级，这个温度要远远低于法布里-珀罗腔光力学系统中（不存在光学参量放大器）力学振子的温度。

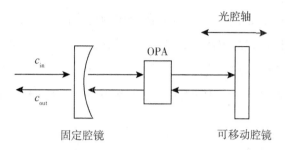

图 1.8 在法布里-珀罗腔光力学系统中，放入光学参量放大器构成混合光力学系统[45]

接着，可以利用在法布里-珀罗腔光力学系统中放置二能级（或者三能级）的原子系综来构成混合光力学系统。如图 1.9 所示，Chang 等在法布里-珀罗腔光力学系统中，放入三能级原子系综，研究力学振子对三能级原子系综产生电磁诱导透明（Electromechanically Induced Transparency，EIT）的影响[46]。具体来说，光学腔场会对力学振子产生辐射压力，力学振子反作用于光学腔，会导致混合光力学系统中出现 1~5 个的稳态，力学振子的不同稳态对光力诱导透明也有不同的影响。

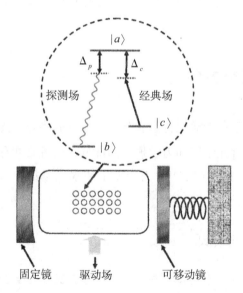

图 1.9 在法布里-珀罗腔光力学系统中，放入三能级原子系综构成混合光力学系统[46]

此外，在法布里-珀罗腔光力学系统中，可以放入玻色-爱因斯坦凝聚体（Bose-Einstein Condensate，BEC）来构成混合光力学系统[47-52]。如图 1.10 所示，在 2008 年，Brennecke 等研究发现，在含有玻色-爱因斯坦凝聚体的混合光力学系统中，由于辐射压力的作用，玻色-爱因斯坦凝聚体会做集体振动，形成玻色-爱因斯坦凝聚体的集体密度激发（Collective

Density Excitation，CDE）；而玻色-爱因斯坦凝聚体的集体密度激发会改变光腔内的光场分布，能够实现玻色-爱因斯坦凝聚体与光学腔之间的耦合[47]。2011 年，Chen 等研究表明在含有玻色-爱因斯坦凝聚体的混合光力学系统中，通过选取合适的参数，能够实现慢光[48]。此外，在含有玻色-爱因斯坦凝聚体的混合光力学系统中，Dalafi 等研究了纠缠和压缩等现象[51,52]。

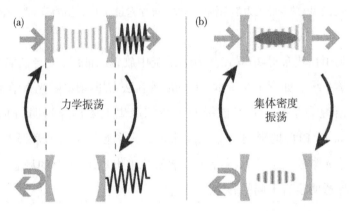

图 1.10　在法布里-珀罗腔光力学系统中，放入玻色-爱因斯坦凝聚体构成混合光力学系统[47]

1.3　光力学系统研究方向

在简单地介绍光力学系统的研究背景和分类后，下面将介绍光力学系统的主要研究方向。典型的光力学系统包含光学腔和力学振子两部分，两者之间存在辐射压力的作用。光力学系统的研究方向可以分为三类[53]：力学振子的基态冷却、非经典态的制备、力学振子对光的操控。

1.3.1　力学振子的基态冷却

本小节介绍力学振子的基态冷却[39,41,45,54-60]。为了观察力学振子上的非经典态，需要对力学振子进行冷却，要求冷却后力学模式声子的时间平均值(即占有数 N) 小于 1(其中，$N = k_B T / \hbar \omega_m < 1$，$k_B$ 为玻尔兹曼常数，$\hbar$ 为约化普朗克常数，T 为环境温度，ω_m 为力学振子的频率)。在光力学系统中，最常用的方法是边带冷却(图 1.11)[54]，其物理过程如下：耦合场(其频率与光学腔频率近共振)作用到光学腔上，通过调制耦合场的频率，使耦合场的频率与光学腔的频率之间满足红色失谐。利用光学腔与力学振子之间的耦合作用，使耦合场的光子吸收一个声子后与光学腔频率共振，再通过光子的耗散把声子的能量消耗掉，

从而实现力学振子的冷却。例如，2011年，Teufel等把超导微波谐振电路嵌入微机械铝膜光力学系统中，利用边带冷却技术来冷却力学振子，使声子占有数减少为 $N=0.34\pm0.05$[41]。此外，2011 年，Chan 等利用边带冷却技术，把初始温度为 $T=20K$ 的力学振子声子占有数减少到 $N=0.85\pm0.08$[39]。

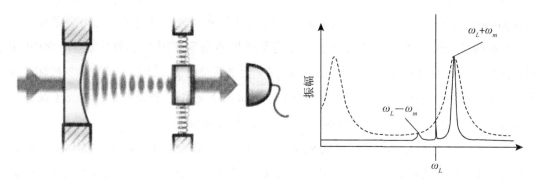

图 1.11　法布里-珀罗腔光力学系统边带冷却示意图[54]

1.3.2　经典态的制备

本小节介绍光力学系统中非经典态的制备[61]。由于光学腔与力学振子之间的耦合作用，光学腔场中的量子态可以转移给力学振子，因此从力学振子上可以观察到非经典的量子态，如相干态[62]、压缩态[13-15,63-71]和纠缠态[10-12,72-81]。例如，2013 年，Purdy 等利用光和薄膜振子之间的相互作用来产生压缩光[66]。2016 年，Agarwal 等在光力学系统中实现了力学振子的压缩态[68]。此外，2015 年，Lü 等研究发现当光力学系统最初处于弱耦合作用下，利用光腔模式的压缩来增强耦合作用，从而实现单光子的强耦合模式；并能够通过引入合适的压缩真空环境，实现压缩模式噪声的完全抑制[70]。2016 年，Wang 等研究发现利用两个直接耦合的力学振子(或者是一个力学振子和另一个微波振子)之间的相互作用，会出现最大的稳定纠缠度[80]。2018 年，Lü 等研究发现，引入光力耦合作用到 Rabi 模型后，会出现单光子诱导纠缠[81]。

1.3.3　力学振子对光的操控

本小节详细地介绍力学振子对光操控的研究，主要包括光力诱导透明、光力诱导放大、光力诱导吸收、快光与慢光和正交模劈裂等现象。

人们对诱导透明现象的研究由来已久，2003 年，Mikhailov 等从实验上证实在冷原子系综中会出现电磁诱导透明现象，并产生光脉冲的减速[82]。2005 年，Wu 等研究 V-型、

Λ-型和梯型三能级原子中的电磁诱导透明现象，并从理论上利用量子相干(或者暗态)来解释电磁诱导透明[83]。2005 年，Fleischhauer 等对电磁诱导透明现象进行了综述报道[84]。具体来说，电磁诱导透明是用探测场和耦合场来控制原子对光的响应，利用量子的干涉效应，使介质的光学特性发生改变，产生诱导透明现象。随着科学研究的深入，在光力学系统中也发现了类似于电磁诱导透明的现象，称为光力诱导透明(Optomechanically Induced Transparency，OMIT)。具体来说：2010 年，Agarwal 等从理论上研究了腔光力学系统中输出光场的诱导透明现象，并且解释了诱导透明产生的物理原因[85]；在实验上，2010 年 Weis 等实现了诱导透明现象，控制光被调制到光力学系统的边带跃迁上，会出现破坏性相干，产生可调制的透明窗口[86]。此外，2011 年 Safavi-Naeini 等研究发现，在光子晶体微腔光力学系统中也会出现诱导透明现象和可调制的慢光效应[30]。

接下来，介绍光力诱导放大(Optomechanically Induced Amplification，OMIAm)现象。当光力学系统中出现诱导透明后，如果对力学振子施加外来驱动，会发现诱导透明 dip 会变得更深，即出现光力诱导放大现象。例如，2017 年 Yang 等研究发现，当没有外来场驱动力学振子时，会出现双光力诱导透明 dips；当用一个随时间变化的外来场来驱动力学振子时，发现诱导透明 dip 变深，出现了光力诱导放大现象[87]。

如果有一个强的耦合场作用到光学腔，还有两个弱的反向传播的探测光同时作用于光学腔的左右两侧，则在合适的参数条件下，光会被完全限制在光腔内，即出现诱导吸收现象。例如，1999 年 Lezama 等讨论了电磁诱导吸收现象，发现相干作用可以引起原子吸收大幅度增加[88]。2012 年，Hocke 等研究发现，在电路纳米-电力系统中，驱动场的功率变化会对诱导吸收产生影响[89]。2013 年，Qu 等讨论混合光力学系统中的电磁诱导吸收现象，发现在透明窗口的附近存在吸收峰[90]。2014 年，Agarwal 等研究发现，在光力学系统中存在光力诱导吸收(Optomechanically Induced Absorption，OMIAb)现象[91]。

再接下来，介绍关于慢光效应[29,30,48,92-94]和正交模劈裂的研究[95,96]。2011 年，Safavi-Naeini 等研究了光力学系统的诱导透明和慢光效应[30]。此外，2008 年，Dobrindt 等研究了腔光力学系统中的参数正交模劈裂问题[95]。2010 年，Huang 等研究了在强耦合下的腔光力学系统中的斯托克斯(或者反斯托克斯)下的正交模劈裂问题[96]。

◎ 本章参考文献

[1] Kepler J. De cometis libelli tres[Z]. 1619.

[2] Maxwell J C. A treatise on electricity and magnetism[M]. Oxford：Clarendon Press, 1873.

[3] Pozar T, Lalos J, Babnik A, et al. Isolated detection of elastic waves driven by the

momentum of light[J]. Nat. Commun., 2018, 9: 3340.

[4] Abbott B P, Abbott R, Adhikari R, et al. Ligo: the laser interferometer gravitational-wave observatory[J]. Rep. Prog. Phys., 2009, 72(7): 076901.

[5] Huang S, Agarwal G S. Robust force sensing for a free particle in a dissipative optomechanical system with a parametric amplifier[J]. Phys. Rev. A, 2017, 95(2): 023844.

[6] Motazedifard A, Bemani F, Naderi M H, et al. Force sensing based on coherent quantum noise cancellation in a hybrid optomechanical cavity with squeezed-vacuum injection[J]. New J. Phys., 2016, 18(7): 073040.

[7] Liu F, Alaie S, Leseman Z C, et al. Sub-pg mass sensing and measurement with an optomechanical oscillator[J]. Opt. Express, 2013, 21(17): 19555-19567.

[8] Liu F, Hossein-Zadeh M. Mass sensing with optomechanical oscillation[J]. IEEE Sens. J., 2013, 13(1): 146-147.

[9] Xiong H, Si L G, Wu Y. Precision measurement of electrical charges in an optomechanical system beyond linearized dynamics[J]. Appl. Phys. Lett., 2017, 110(17): 171102.

[10] Mancini S, Giovannetti V, Vitali D, et al. Entangling macroscopic oscillators exploiting radiation pressure[J]. Phys. Rev. Lett., 2002, 88(12): 120401.

[11] Vitali D, Gigan S, Ferreira A, et al. Optomechanical entanglement between a movable mirror and a cavity field[J]. Phys. Rev. Lett., 2007, 98(3): 030405.

[12] Paternostro M, Vitali D, Gigan S, et al. Creating and probing multipartite macroscopic entanglement with light[J]. Phys. Rev. Lett., 2007, 99(25): 250401.

[13] Clerk A A, Marquardt F, Jacobs K. Back-action evasion and squeezing of a mechanical resonator using a cavity detector[J]. New J. Phys., 2008, 10(9): 095010.

[14] Mari A, Eisert J. Gently modulating optomechanical systems[J]. Phys. Rev. Lett., 2009, 103(21): 213603.

[15] Suh J, Lahaye M D, Echternach P M, et al. Parametric amplification and back-action noise squeezing by a qubit-coupled nanoresonator[J]. Nano Lett., 2010, 10(10): 3990-3994.

[16] Weaver M J, Buters F, Luna F, et al. Coherent optomechanical state transfer between disparate mechanical resonators[J]. Nat. Commun., 2017, 8: 824.

[17] Arcizet O, Cohadon P F, Briant T, et al. Radiation-pressure cooling and optomechanical instability of a micromirror[J]. Nature, 2006, 444(7115): 71-74.

[18] Schliesser A, Rivière R, Anetsberger G, et al. Resolved-sideband cooling of a micromechanical oscillator[J]. Nat. Phys., 2008, 4(5): 415-419.

［19］Schliesser A, Del'Haye P, Nooshi N, et al. Radiation pressure cooling of a micromechanical oscillator using dynamical backaction［J］. Phys. Rev. Lett., 2006, 97(24): 243905.

［20］Vahala K J. Optical microcavities［J］. Nature, 2003, 424(6950): 839-846.

［21］Aspelmeyer M, Kippenberg T J, Marquardt F. Cavity optomechanics［J］. Rev. Mod. Phys., 2014, 86(4): 1391-1452.

［22］Meystre P. A short walk through quantum optomechanics［J］. Ann. Phys., 2013, 525(3): 215-233.

［23］Thompson J D, Zwickl B M, Jayich A M, et al. Strong dispersive coupling of a high-finesse cavity to a micromechanical membrane［J］. Nature, 2008, 452(7183): 72-75.

［24］雷府川. 基于回音壁腔和腔光力学系统的光信息处理研究［D］. 北京: 清华大学, 2015.

［25］Armani D K, Kippenberg T J, Spillane S M, et al. Ultra-high-Q toroid microcavity on a chip［J］. Nature, 2003, 421(6926): 925-928.

［26］Min B, Kim S, Okamoto K, et al. Ultralow threshold on-chip microcavity nanocrystal quantum dot lasers［J］. Appl. Phys. Lett., 2006, 89(19): 191124.

［27］Cai M, Painter O, Vahala K, et al. Fiber-coupled microsphere laser［J］. Opt. Lett., 2000, 25(19): 1430-1432.

［28］Dong C H, Xiao Y F, Han Z F, et al. Low-threshold microlaser in Er: Yb phosphate glass coated microsphere［J］. IEEE Photon. Technol. Lett., 2008, 20(5-8): 342-344.

［29］Totsuka K, Kobayashi N, Tomita M. Slow light in coupled-resonator-induced transparency ［J］. Phys. Rev. Lett., 2007, 98(21): 213904.

［30］Safavi-Naeini A H, Alegre T P M, Chan J, et al. Electromagnetically induced transparency and slow light with optomechanics［J］. Nature, 2011, 472(7341): 69-73.

［31］John S. Strong localization of photons in certain disordered dielectric superlattices［J］. Phys. Rev. Lett., 1987, 58(23): 2486-2489.

［32］Yablonovitch E. Inhibited spontaneous emissionin solid-state physics and electronics［J］. Phys. Rev. Lett., 1987, 58(20): 2059-2062.

［33］Mekis A, Chen J C, Kurland I, et al. High transmission through sharp bends in photonic crystal waveguides［J］. Phys. Rev. Lett., 1996, 77(18): 3787-3790.

［34］Lin S Y, Chow E, Hietala V, et al. Experimental demonstration of guiding and bending of electromagnetic waves in a photonic crystal［J］. Science, 1998, 282(5387): 274-276.

［35］Nozaki K, Tanabe T, Shinya A, et al. Sub-femtojoule all-optical switching using a photonic crystal nanocavity[J]. Nat. Photon., 2010, 4(7): 477-483.

[36]Painter O, Lee R K, Scherer A, et al. Two-dimensional photonic band-gap defect mode laser[J]. Science, 1999, 284(5421): 1819-1821.

[37]Happ T D, Tartakovskii I I, Kulakovskii V D, et al. Enhanced light emission of $In_xGa_{1-x}As$ quantum dots in a two-dimensional photonic-crystal defect microcavity[J]. Phys. Rev. B, 2002, 66(4): 413031-413034.

[38]Chang D E, Safavi-Naeini A H, Hafezi M, et al. Slowing and stopping light using an optomechanical crystal array[J]. New J. Phys., 2011, 13(2): 023003.

[39]Chan J, Mayer Alegre T P, Safavi-Naeini A H, et al. Laser cooling of a nanomechanical oscillator into its quantum ground state[J]. Nature, 2011, 478(7367): 89-92.

[40]Teufel J D, Li D, Allman M S, et al. Circuit cavity electromechanics in the strong-coupling regime[J]. Nature, 2011, 471(7337): 204-208.

[41]Teufel J D, Donner T, Li D, et al. Sideband cooling of micromechanical motion to the quantum ground state[J]. Nature, 2011, 475(7356): 359-363.

[42]Massel F, Heikkila T T, Pirkkalainen J M, et al. Microwave amplification with nanomechanical resonators[J]. Nature, 2011, 480(7377): 351-354.

[43]Taylor J M, Serensen A S, Marcus C M, et al. Laser cooling and optical detection of excitations in a LC electrical circuit[J]. Phys. Rev. Lett., 2011, 107(27): 273601.

[44]Regal C A, Teufel J D, Lehnert K W. Measuring nanomechanical motion with a microwave cavity interferometer[J]. Nat. Phys., 2008, 4(7): 555-560.

[45]Huang S, Agarwal G S. Enhancement of cavity cooling of a micromechanical mirror using parametric interactions[J]. Phys. Rev. A, 2009, 79(1): 013821.

[46]Chang Y, Shi T, Liu Y X, et al. Multistability of electromagnetically induced transparency in atom-assisted optomechanical cavities[J]. Phys. Rev. A, 2011, 83(6): 063826.

[47]Brennecke F, Ritter S, Donner T, et al. Cavity optomechanics with a Bose-Einstein condensate[J]. Science, 2008, 322(5899): 235-238.

[48]Chen B, Jiang C, Zhu K D. Slow light in a cavity optomechanical system with a Bose-Einstein condensate[J]. Phys. Rev. A, 2011, 83(5): 055803.

[49]Ritter S, Brennecke F, Baumann K, et al. Dynamical coupling between a Bose-Einstein condensate and a cavity optical lattice[J]. Appl. Phys. B, 2009, 95(2): 213-218.

[50]陈彬. 玻色-爱因斯坦凝聚体腔光机械系统中的光传播特性研究[D]. 上海: 上海交通大学, 2012.

[51] Dalafi A, Naderi M H, Controlling steady-state bipartite entanglement and quadrature squeezing in a membrane-in-the-middle optomechanical system with two Bose-Einstein condensates[J]. Phys. Rev. A, 2017, 96(3): 033631.

[52] Dalafi A, Naderi M H, Motazedifard A. Effects of quadratic coupling and squeezed vacuum injection in an optomechanical cavity assisted with a Bose-Einstein condensate [J]. Phys. Rev. A, 2018, 97(4): 043619.

[53] 谷开慧. 原子辅助光力学腔的混合诱导透明及快慢光调控[D]. 长春：吉林大学, 2015.

[54] Markus A, Pierre M, Keith S. Quantum optomechanics[J]. Phys. Today, 2012, 65(7): 29-35.

[55] Liu Y C, Xiao Y F, Luan X S, et al. Dynamic dissipativecooling of a mechanical resonator in strong coupling optomechanics[J]. Phys. Rev. Lett., 2013, 110(15): 153606.

[56] Deng Z J, Li Y, Gao M, et al. Performance of a cooling method by quadratic coupling at high temperatures[J]. Phys. Rev. A, 2012, 85(2): 025804.

[57] Ge L, Faez S, Marquardt F, et al. Gain-tunable optomechanical cooling in a laser cavity [J]. Phys. Rev. A, 2013, 87(5): 053839.

[58] Weiss T, Nunnenkamp A. Quantum limit of laser cooling in dispersively and dissipatively coupled optomechanical systems[J]. Phys. Rev. A, 2013, 88(2): 023850.

[59] Gu W J, Li G X. Quantum interference effects on ground-state optomechanical cooling[J]. Phys. Rev. A, 2013, 87(2): 025804.

[60] Wilson-Rae I, Nooshi N, Zwerger W, et al. Theory ofground state cooling of a mechanical oscillator using dynamical backaction[J]. Phys. Rev. Lett., 2007, 99(9): 093901.

[61] 谷文举. 腔光力学系统中机械振子的基态冷却及非经典态的制备[D]. 武汉：华中师范大学, 2014.

[62] Rabl P, Genes C, Hammerer K, et al. Phase-noise induced limitations on cooling and coherent evolution in optomechanical systems[J]. Phys. Rev. A, 2009, 80(6): 063819.

[63] Gu W J, Li G X, Yang Y. Generation of squeezed states in a movable mirror via dissipative optomechanical coupling[J]. Phys. Rev. A, 2013, 88(1): 013835.

[64] Tan H T, Li G X, Meystre P. Dissipation-driven two-mode mechanical squeezed states in optomechanical systems[J]. Phys. Rev. A, 2013, 87(3): 033829.

[65] Safavi-Naeini A H, Groblacher S, Hill J T, et al. Squeezed light from a silicon micromechanical resonator[J]. Nature, 2013, 500(7461): 185-189.

［66］Purdy T P, Yu P L, Peterson R W, et al. Strong optomechanical squeezing of light［J］. Phys. Rev. X, 2013, 3(3): 031012.

［67］Wang Q, Li W J. Precision mass sensing by tunable double optomechanically induced transparency with squeezed field in a coupled optomechanical system［J］. Int. J. Theor. Phys., 2017, 56(4): 1346-1354.

［68］Agarwal G S, Huang S. Strong mechanical squeezing and its detection［J］. Phys. Rev. A, 2016, 93(4): 043844.

［69］Nunnenkamp A, Borkje K, Harris J G E, et al. Cooling and squeezing via quadratic optomechanical coupling［J］. Phys. Rev. A, 2010, 82(2): 021806.

［70］Lü X Y, Wu Y, Johansson J R, et al. Squeezed optomechanics with phase-matched amplification and dissipation［J］. Phys. Rev. Lett., 2015, 114(9): 093602.

［71］Lü X Y, Liao J Q, Tian L, et al. Steady-state mechanical squeezing in an optomechanical system via duffing nonlinearity［J］. Phys. Rev. A, 2015, 91(1): 013834.

［72］Hartmann M J, Plenio M B. Steady state entanglement in the mechanical vibrations of two dielectric membranes［J］. Phys. Rev. Lett., 2008, 101(20): 200503.

［73］Asjad M, Saif F. Steady-state entanglement of a Bose-Einstein condensate and a nanomechanical resonator［J］. Phys. Rev. A, 2011, 84(3): 033606.

［74］Hofer S G, Wieczorek W, Aspelmeyer M, et al. Quantum entanglement and teleportation in pulsed cavity optomechanics［J］. Phys. Rev. A, 2011, 84(5): 052327.

［75］Rogers B, Paternostro M, Palma G M, et al. Entanglement control in hybrid optomechanical systems［J］. Phys. Rev. A, 2012, 86(4): 042323.

［76］Mari A, Eisert J. Opto- and electro-mechanical entanglement improved by modulation［J］. New J. Phys., 2012, 14(7): 075014.

［77］Wang Y D, Clerk A A. Reservoir-engineered entanglement in optomechanical systems［J］. Phys. Rev. Lett., 2013, 110(25): 253601.

［78］Tian L. Robust photon entanglement via quantum interference in optomechanical interfaces ［J］. Phys. Rev. Lett., 2013, 110(23): 233602.

［79］Hofer S G, Hammerer K. Entanglement-enhanced time-continuous quantum control in optomechanics［J］. Phys. Rev. A, 2015, 91(3): 033822.

［80］Wang M, Lü X Y, Wang Y D, et al. Macroscopic quantum entanglement in modulated optomechanics［J］. Phys. Rev. A, 2016, 94(5): 053807.

［81］Lü X Y, Zhu G L, Zheng L L, et al. Entanglement and quantum superposition induced by a single photon[J]. Phys. Rev. A, 2018, 97(3): 033807.

[82] Mikhailov E E, Rostovtsev Y V, Welch G R. Group velocity study in hot Rb-87 vapour with buffer gas[J]. J. Mod. Opt., 2003, 50(15-17): 2645-2654.

[83] Wu Y, Yang X. Electromagnetically induced transparency in V-, lambda-, and cascade-type schemes beyond steady-state analysis[J]. Phys. Rev. A, 2005, 71(5): 053806.

[84] Fleischhauer M, Imamoglu A, Marangos J P. Electromagnetically induced transparency: optics in coherent media[J]. Rev. Mod. Phys., 2005, 77(2): 633-673.

[85] Agarwal G S, Huang S. Electromagnetically induced transparency in mechanical effects of light[J]. Phy. Rev. A, 2010, 81(4): 041803.

[86] Weis S, Riviere R, Deleglise S, et al. Optomechanically induced transparency[J]. Science, 2010, 330(6010): 1520-1523.

[87] Yang Q, Hou B P, Lai D G. Local modulation of double optomechanically induced transparency and amplification[J]. Opt. Express, 2017, 25(9): 9697-9711.

[88] Lezama A, Barreiro S, Akulshin A M. Electromagnetically induced absorption[J]. Phys. Rev. A, 1999, 59(6): 4732-4735.

[89] Hocke F, Zhou X, Schliesser A, et al. Electromechanically induced absorption in a circuit nano-electromechanical system[J]. New J. Phys., 2012, 14(12): 123037.

[90] Qu K, Agarwal G S. Phonon-mediated electromagnetically induced absorption in hybrid opto-electromechanical systems[J]. Phys. Rev. A, 2013, 87(3): 031802.

[91] Agarwal G S, Huang S. Nanomechanical inverse electromagnetically induced transparency and confinement of light in normal modes[J]. New J. Phys., 2014, 16(3): 033023.

[92] Akram M J, Khan M M, Saif F. Tunable fast and slow light in a hybrid optomechanical system[J]. Phys. Rev. A, 2015, 92(2): 023846.

[93] Jiang C, Jiang L, Yu H, et al. Fano resonance and slow light in hybrid optomechanics mediated by a two-level system[J]. Phys. Rev. A, 2017, 96(5): 053821.

[94] Zhan X G, Si L G, Zheng A S, et al. Tunable slow light in a quadratically coupled optomechanical system[J]. J. Phys. B: At. Mol. Opt. Phys., 2013, 46(2): 025501.

[95] Dobrindt J M, Wilson-Rae I, Kippenberg T J. Parametric normal-mode splitting in cavity optomechanics[J]. Phys. Rev. Lett, 2008, 101(26): 263602.

[96] Huang S, Agarwal G S. Normal mode splitting and antibunching in Stokes and anti-Stokes processes in cavity optomechanics: Radiation pressure induced four-wave mixing cavity optomechanics[J]. Phys. Rev. A, 2010, 81(3): 033830.

第2章 光力学系统基础理论

本章介绍光力学系统的基础理论，主要包括：典型光力学系统量子模型、混合系统量子模型、输入-输出理论、缀饰态理论、电磁诱导透明、慢光效应和光力诱导透明(放大及吸收)。

2.1 典型光力学系统模型

本节介绍典型光力学系统的量子模型。具体来说，典型光力学系统的哈密顿量可以分为光学腔场的哈密顿量、力学振子的哈密顿量以及光学腔场与力学振子耦合作用的哈密顿量三部分。

2.1.1 光学腔场的哈密顿量

光学腔场的哈密顿量是从无源的麦克斯韦方程组推导得出的，要讨论电磁场量子化的问题[1]，先写出无源的麦克斯韦方程组：

$$\nabla \cdot \boldsymbol{B} = 0$$

$$\nabla \times \boldsymbol{E} = -\frac{\partial \boldsymbol{B}}{\partial t}$$

$$\nabla \cdot \boldsymbol{E} = 0 \tag{2.1}$$

$$\nabla \times \boldsymbol{H} = -\frac{\partial \boldsymbol{D}}{\partial t}$$

式(2.1)中，$\boldsymbol{B} = \mu_0 \boldsymbol{H}$ 和 $\boldsymbol{D} = \varepsilon_0 \boldsymbol{E}$，$\mu_0$ 和 ε_0 分别表示真空磁导率和真空介电常数。$\boldsymbol{B}$ 和 $\boldsymbol{E}$ 分别满足 $\boldsymbol{B} = \nabla \times \boldsymbol{A}$ 和 $\boldsymbol{E} = -\frac{\partial \boldsymbol{A}}{\partial t} - \nabla V$，其中，$\boldsymbol{A}$ 称为矢势，V 称为标势。利用二次量子化，矢势 $\boldsymbol{A}$ 能用算符 $c_n^\dagger$ 和 c_n 表示，得到辐射光场的哈密顿量表达式：

$$H_c = \sum_n \hbar \omega_n \left(c_n^\dagger c_n + \frac{1}{2} \right) \tag{2.2}$$

在这里，对 n 求和表示光场模式完备。

如果光学腔场的频率是单一的，根据式(2.2)，其哈密顿量可以表示为

$$H_c = \hbar \omega_c \left(c^\dagger c + \frac{1}{2} \right) \tag{2.3}$$

式中，ω_c 是光学腔场的频率。

2.1.2　力学振子的哈密顿量

接下来，讨论力学振子的哈密顿量。如图 2.1 所示，力学振子的量子特征可以用均匀的量子化能级间距来描述，即为 $\hbar \omega_m$。当力学振子被冷却到基态时(温度为 0K)，力学振子的零点能量为 $\frac{\hbar \omega_m}{2}$ [2]。如果力学振子的质量为 m 和频率为 ω_m，则力学振子的哈密顿量可以表示为

$$H_m = \frac{p^2}{2m} + \frac{1}{2} m \omega_m^2 q^2 \tag{2.4}$$

式中，p 和 q 分别表示力学振子的动量算符和位移算符。且算符 p 和 q 满足对易关系：$[p, q] = -i\hbar$。如果利用二次量子化，力学振子还可以用湮灭算符 b 和产生算符 $b^\dagger$ 表示，算符 b 和 $b^\dagger$ 满足对易关系：$[b, b^\dagger] = 1$。

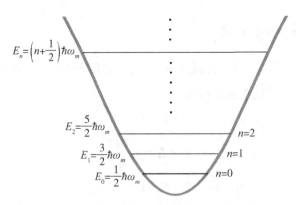

图 2.1　力学振子的量子化能级分布图 E_n [2]

力学振子的量子化激发称为声子。当力学振子处于有 n 个声子的量子态 $|n\rangle$ 时，湮灭算符 b (产生算符 $b^\dagger$) 作用到量子态 $|n\rangle$ 后，会引起能级向下(向上)的转换，此过程可以表示为

$$\begin{aligned} b|n\rangle &= \sqrt{n}\,|n-1\rangle \\ b^\dagger|n\rangle &= \sqrt{n+1}\,|n+1\rangle \\ b^\dagger b|n\rangle &= n|n\rangle \end{aligned} \tag{2.5}$$

如果 $n = 0$，则 $b|0\rangle \equiv 0$，表示处于基态的力学振子不能再减少声子。

此外，位移算符 q 和动量算符 p 也可以用湮灭算符 b 和产生算符 $b^\dagger$ 来表示：

$$q = \sqrt{\frac{\hbar}{2m\omega_m}}(b^\dagger + b)$$

$$p = \mathrm{i}\sqrt{\frac{\hbar\, m\omega_m}{2}}(b^\dagger - b)$$

(2.6)

把式(2.6)代入式(2.4)，忽略零点能量 $\left(\frac{\hbar\,\omega_m}{2}\right)$，得到力学振子哈密顿量的另一种表达式：

$$H_m = \hbar\,\omega_m b^\dagger b$$

(2.7)

因此，力学振子的哈密顿量可以用式(2.4)和式(2.7)两种形式来表示。

2.1.3 光学腔场与力学振子耦合作用的哈密顿量

光学腔场与力学振子之间的耦合作用可以用辐射压力来表示，产生辐射压力的物理原因是光和力学振子之间的相互作用。在这个过程中，涉及光和力学振子之间的动量交换[2]。如果一个光子入射到力学振子的表面被反射出去，则光子会引起力学振子动量的改变，导致力学振子产生振荡。假设光子的波长为 λ，波数为 $k = \frac{2\pi}{\lambda}$。如果该光子从法向方向入射到力学振子上，光子的入射动量为 $\hbar k$，若光子按照原路反射回来，其反射后光子的动量为 $-\hbar k$，则该单光子对力学振子产生的冲量就是 $2\hbar k$。如果光腔中有 n 个光子对力学振子起作用(其中 $n = c^\dagger c$)，则力学振子产生的动量为 $2\hbar kc^\dagger c$，该动量能够导致力学振子偏离平衡位置，形成力学振子的位移 q。

当没有强耦合场作用到光学腔时，法布里-珀罗腔的长度 L 与光学腔场的共振频率 $\omega_{c,j}$ 之间满足：

$$j\frac{2\pi c}{\omega_{c,j}} = 2L$$

$$\omega_{c,j} = \frac{j\pi c}{L}$$

(2.8)

式中，j 为光学腔的模式数(取整数)；c 为真空中光速。如图 2.2 所示，当有强耦合场从左端入射到光腔后，由于辐射压力的作用，力学振子的位移 q 会改变光学腔的长度：$L(q) = L + q$。用 $L(q) = L + q$ 替换式(2.8)中的 L，由于 $q \ll L$，可以得到第 j 个光学模式频率 $\omega_{c,j}(q)$ 的表达式：

$$\omega_{c,\,j}(q) = \frac{j\pi c}{L+q} \approx \omega_{c,\,j}\left(1 - \frac{q}{L}\right) = \omega_{c,\,j} - \frac{\omega_{c,\,j}}{L}q \qquad (2.9)$$

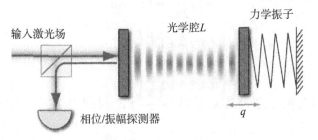

输入激光场　　　　　　　光学腔L　　　力学振子

相位/振幅探测器

q

图 2.2　法布里-珀罗腔光力学系统[3]

因此，当力学振子与光学腔发生耦合作用时，辐射压力会改变光学腔的频率。定义光学腔场和力学振子之间相互作用的耦合强度 χ：

$$\chi = \frac{\omega_{c,\,j}}{L} = \frac{\omega_c}{L} \qquad (2.10)$$

在式(2.10)中，忽略光学模式数的下标 j。

接下来，讨论光学腔与力学振子耦合作用的哈密顿量。假设光腔内光子频率为 $\omega_c(q)$，每个光子的能量为 $\hbar\,\omega_c(q)$，光腔内光子的数目为 $c^\dagger c$，故光腔内光子总能量为 $H_c = \hbar\,\omega_c(q)c^\dagger c$。利用式(2.9)和式(2.10)，可以得到：

$$H = \hbar\,\omega_c\left(1 - \frac{q}{L}\right)c^\dagger c = \hbar\,\omega_c c^\dagger c - \hbar\chi c^\dagger cq, \qquad \left(\chi = \frac{\omega_c}{L}\right) \qquad (2.11)$$

式中，第一项 $\hbar\omega_c c^\dagger c$ 表示光学腔的哈密顿量 H_c，第二项 $-\hbar\chi c^\dagger cq$ 表示光学腔与力学振子耦合作用的哈密顿量 H_I，即：

$$H_c = \hbar\,\omega_c c^\dagger c$$
$$H_I = -\hbar\chi c^\dagger cq, \qquad \left(\chi = \frac{\omega_c}{L}\right) \qquad (2.12)$$

因此，得到光学腔场与力学振子耦合作用的哈密顿量 H_I 的表达式。

2.1.4　典型光力学系统的哈密顿量

根据前面的分析，已经分别得到光学腔的哈密顿量、力学振子的哈密顿量，以及光学腔场和力学振子耦合作用的哈密顿量，而三者的哈密顿量之和就是典型光力学系统的哈密顿量。如果力学振子哈密顿量用式(2.4)表示，联立式(2.12)，典型光力学系统哈密顿量可以表示为

$$H = \hbar \omega_c c^\dagger c + \left(\frac{p^2}{2m} + \frac{1}{2} m\omega_m^2 q^2 \right) - \hbar \chi c^\dagger c q, \quad \left(\chi = \frac{\omega_c}{L} \right) \tag{2.13}$$

如果力学振子的哈密顿量用式(2.7)表示，联立式(2.12)，可以写出典型光力学系统哈密顿量的另外一种表达式：

$$H = \hbar \omega_c c^\dagger c + \hbar \omega_m b^\dagger b - \hbar \chi_a c^\dagger c (b^\dagger + b), \quad \left(\chi_a = \frac{\omega_c}{L} \sqrt{\frac{\hbar}{2m\omega_m}} \right) \tag{2.14}$$

在式(2.14)中，$\chi_a = \dfrac{\omega_c}{L} \sqrt{\dfrac{\hbar}{2m\omega_m}}$ 是光学腔场与力学振子之间耦合强度的另一种形式。

2.2 混合光力学系统模型

本节主要研究含有光学参量放大器、二能级原子系综、三能级原子系综或者两个带电力学振子的混合光力学系统，讨论这几种混合光力学系统量子模型的哈密顿量。

2.2.1 含光学参量放大器(OPA)的混合光力学系统

本小节介绍含有光学参量放大器(OPA)的混合光力学系统[4]，如图2.3所示。在光学腔场(频率为 ω_c)中，左侧的镜子是固定的而且是部分透射的，右侧的镜子是可以移动的而且是全反射的。研究时认为右侧可移动的镜子是力学振子(其质量为 m、频率为 ω_m 和衰减率为 γ_m)，力学振子与光学腔之间的耦合作用是线性的。利用式(2.13)，得到含有光学参量放大器(OPA)混合光力学系统的哈密顿量为

$$H = \hbar \omega_c c^\dagger c + \left(\frac{p^2}{2m} + \frac{1}{2} m\omega_m^2 q^2 \right) - \hbar \chi c^\dagger c q + \mathrm{i}\hbar G_a (\mathrm{e}^{\mathrm{i}\theta} c^{\dagger 2} \mathrm{e}^{-2\mathrm{i}\omega_l t} - \mathrm{e}^{-\mathrm{i}\theta} c^2 \mathrm{e}^{2\mathrm{i}\omega_l t}), \quad \left(\chi = \frac{\omega_c}{L} \right) \tag{2.15}$$

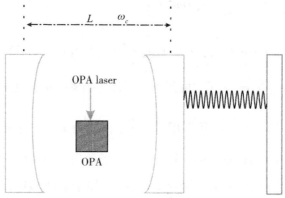

图 2.3　含光学参量放大器的混合光力学系统[4]

在式（2.15）中，第一项 $\hbar\omega_c c^\dagger c$ 表示光学腔场的哈密顿量，第二项 $\left(\dfrac{p^2}{2m}+\dfrac{1}{2}m\omega_m^2 q^2\right)$ 表示力学振子的哈密顿量，第三项 $-\hbar\chi c^\dagger c q\left(\chi=\dfrac{\omega_c}{L}\right)$ 表示光学腔场与力学振子之间相互作用的哈密顿量。特别注意的是，第四项 $\mathrm{i}\hbar G_a(\mathrm{e}^{\mathrm{i}\theta}c^{\dagger 2}\mathrm{e}^{-2\mathrm{i}\omega_l t}-\mathrm{e}^{-\mathrm{i}\theta}c^2\mathrm{e}^{2\mathrm{i}\omega_l t})$ 表示光学参量放大器与光学腔场之间相互作用的哈密顿量，其中，G_a 为光学参量放大器的增益（Gain），θ 是驱动光学参量放大器的光场的相位。

对式（2.15）进行幺正变换 $U(t)=\exp[-\mathrm{i}\omega_l(c^\dagger c)t]$，得到含有光学参量放大器（OPA）混合光力学系统的哈密顿量：

$$H = U^\dagger(t)HU(t)-\mathrm{i}\hbar U^\dagger(t)\frac{\partial U(t)}{\partial t}=\hbar\Delta_c c^\dagger c+\left(\frac{p^2}{2m}+\frac{1}{2}m\omega_m^2 q^2\right)-$$

$$\hbar\chi c^\dagger c q+\mathrm{i}\hbar G_a(\mathrm{e}^{\mathrm{i}\theta}c^{\dagger 2}-\mathrm{e}^{-\mathrm{i}\theta}c^2),\qquad\left(\chi=\frac{\omega_c}{L}\right)\tag{2.16}$$

式中，$\Delta_c=\omega_c-\omega_l$ 表示光学腔与耦合场之间的频率失谐量；$\varepsilon_l=\sqrt{\dfrac{2\kappa P_l}{\hbar\omega_l}}$ 表示耦合场的振幅，P_l 为耦合场的功率，κ 为光学腔的衰减率。

2.2.2　含二能级原子系综的混合光力学系统

本小节讨论在光学腔中放置二能级原子系综（An Ensemble of Two Level Atoms）的混合光力学系统的哈密顿量[5-7]。如图 2.4 所示，光学腔（频率为 ω_c）中含有二能级冷原子系综，其中，二能级原子数目为 N，二能级原子的基态表示为 $|b\rangle$，激发态表示为 $|a\rangle$，二能级原子的激发态 $|a\rangle$ 与基态 $|b\rangle$ 之间的转换频率为 ω_{ab}。假设二能级原子系综和力学振子之间没有耦合作用，则得到含有二能级原子系综混合光力学系统的总哈密顿量为

$$H = \hbar\omega_c c^\dagger c+\left(\frac{p^2}{2m}+\frac{1}{2}m\omega_m^2 q^2\right)-$$

$$\hbar\chi c^\dagger c q+\hbar\omega_{ab}\sum_j\sigma_j^z-\hbar\sum_{j=1}^N g_j(\sigma_j^\dagger c+\sigma_j^- c^\dagger),\qquad\left(\chi=\frac{\omega_c}{L}\right)\tag{2.17}$$

式中，第四项 $\hbar\omega_{ab}\sum_j\sigma_j^z$ 表示二能级原子系综的哈密顿量，其中，第 j 个二能级原子泡利算符表示为 $\sigma_j^z=|a\rangle_{jj}\langle a|$；第五项 $-\hbar\sum_{j=1}^N g_j(\sigma_j^+ c+\sigma_j^- c^\dagger)$ 表示二能级原子系综和光学腔场之间相互作用的哈密顿量，第 j 个二能级原子的向上（向下）翻转算符表示为 $\sigma_j^+=|a\rangle_{jj}\langle b|$（$\sigma_j^-=|b\rangle_{jj}\langle a|$）；$g_j$ 表示光腔场与第 j 个原子之间的耦合强度，假设 $\bar g=g_1=g_2\cdots=g_j\cdots=g_N=\mu\sqrt{\dfrac{\omega_c}{2\hbar V\varepsilon_0}}$，（$j=1,2,\cdots,N$），其中 μ 为激发态 $|a\rangle$ 和基态 $|b\rangle$ 之间

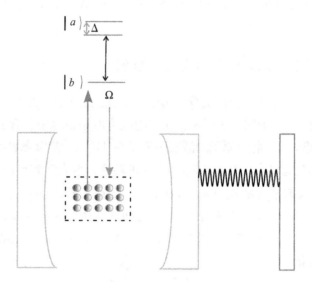

图 2.4 放置二能级原子系综的混合光力学系统[5-7]

电偶极矩转换矩阵元，V 是光学腔的体积，ε_0 是真空介电常数。提出公因子 $\bar{g}$（令 $\bar{g}$ 为实数）后得到：

$$H = \hbar \omega_c c^\dagger c + \left(\frac{p^2}{2m} + \frac{1}{2} m \omega_m^2 q^2 \right) - \hbar \chi c^\dagger c q + \hbar \omega_{ab} \sum_j \sigma_j^z - \hbar \bar{g} \sum_{j=1}^N (\sigma_j^+ c + \sigma_j^- c^\dagger)$$

$$(2.18)$$

对于大量原子处于基态的情况，利用 Holstein-Primakoff（H-P）变换[6]，光腔场与原子之间的相互作用可以用二能级原子系综的集体低能级激发（或者激子）来描述，二能级原子系综的集体算符 $\sum_{j=1}^N \sigma_j^+$，$\sum_{j=1}^N \sigma_j^-$，$\sum_{j=1}^N \sigma_{j,z}$ 可以等价地转换为二能级原子系综集体转换算符 A 和 $A^\dagger$：

$$A = \lim_{N \to \infty} \sum_{j=1}^N \frac{\sigma_j^-}{\sqrt{N}}$$

$$(2.19)$$

$$A^\dagger = \lim_{N \to \infty} \sum_{j=1}^N \frac{\sigma_j^+}{\sqrt{N}}$$

式（2.19）中，集体转换算符 A 和 $A^\dagger$ 满足对易关系：$[A, A^\dagger] = 1$。把式（2.19）代入式（2.18）中，得到含有二能级原子系综的混合光力学系统哈密顿量表达式：

$$H = \hbar \omega_c c^\dagger c + \left(\frac{p^2}{2m} + \frac{1}{2} m \omega_m^2 q^2 \right) - \hbar \chi c^\dagger c q + \hbar \omega_{ab} A^\dagger A - \hbar G_{ab} (A^\dagger c + A c^\dagger) \quad (2.20)$$

式中，第四项 $\hbar \omega_{ab} A^\dagger A$ 表示二能级原子系综的哈密顿量；第五项 $-\hbar G_{ab}(A^\dagger c + A c^\dagger)$ 表示二

能级原子系综和光学腔之间相互作用的哈密顿量; $G_{ab} = \sqrt{N}g$ 表示二能级原子系综与光学腔之间的耦合强度。

2.2.3　含三能级原子系综的混合光力学系统

下面研究在混合光力学系统的光学腔中放置三能级原子系综(An Ensemble of Three Level Atoms)的情况[8-11]。如图 2.5 所示,在三能级冷原子系综中,含有 N 个相同的 Λ-型三能级原子,假设第 i 个三能级原子的激发态表示为 $|a\rangle_i$,亚稳态表示为 $|c\rangle_i$,基态表示为 $|b\rangle_i$,其中激发态 $|a\rangle_i$ 和基态 $|b\rangle_i$ 之间的转换是由光学腔场(频率为 ω_c,长度为 L)诱导产生的,其失谐量满足 $\Delta_1 = \omega_{ab} - \omega_c$,$\omega_{ab}$ 表示激发态 $|a\rangle_i$ 与基态 $|b\rangle_i$ 之间的转换频率。此外,在激发态 $|a\rangle_i$ 与亚稳态 $|c\rangle_i$ 之间的转换是利用外加控制场(控制场的频率为 ν,拉比频率为 Ω)来驱动的,其失谐量满足 $\Delta_2 = \omega_{ac} - \nu$,$\omega_{ac}$ 是激发态 $|a\rangle_i$ 与亚稳态 $|c\rangle_i$ 之间的转换频率。

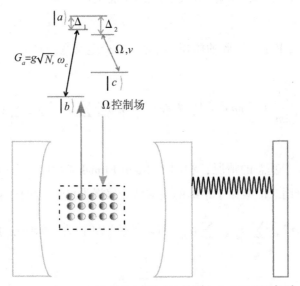

图 2.5　放置 Λ-型三能级原子系综的混合光力学系统[8-11]

假设力学振子与三能级原子之间没有相互作用,光腔场与每个三能级原子(激发态 $|a\rangle_i$ 和基态 $|b\rangle_i$)之间的耦合强度相同(用 g 表示),则含有三能级原子系综的混合光力学系统中总哈密顿量可表示为

$$H = \hbar \omega_c c^\dagger c + \left(\frac{p^2}{2m} + \frac{1}{2}m\omega_m^2 q^2 \right) - \hbar \chi c^\dagger c q + \hbar \sum_{i=1}^{N} (\omega_{ab}\sigma_{aa}^i + \omega_{cb}\sigma_{cc}^i) + $$

$$\hbar \Omega \sum_{i=1}^{N} (\mathrm{e}^{-\mathrm{i}\nu t}\sigma_{ac}^i + \mathrm{e}^{\mathrm{i}\nu t}\sigma_{ca}^i) + \hbar g \sum_{i=1}^{N} (c\sigma_{ab}^i + c^\dagger \sigma_{ba}^i)$$

(2.21)

式中，第四项 $\hbar \sum\limits_{i=1}^{N} (\omega_{ab}\sigma_{aa}^i + \omega_{cb}\sigma_{cc}^i)$ 表示 N 个 Λ-型三能级原子的哈密顿量(其中第 i 个原子算符为 $\sigma_{\alpha\alpha}^i = |\alpha\rangle_{ii}\langle\alpha| \ (\alpha = a,\ c))$；假设基态 $|b\rangle_i$ 是能量的参考点，ω_{ab}、ω_{cb} 分别表示第 i 个原子中 $|a\rangle_i$ 和 $|b\rangle_i$、$|c\rangle_i$ 和 $|b\rangle_i$ 之间能级的转换频率[9]；第五项 $\hbar\Omega \sum\limits_{i=1}^{N}(\mathrm{e}^{-\mathrm{i}\nu t}\sigma_{ac}^i + \mathrm{e}^{\mathrm{i}\nu t}\sigma_{ca}^i)$ 表示外加控制场(频率为 ν，拉比频率为 Ω)作用到三能级原子能级 $|a\rangle_i$ 和 $|c\rangle_i$ 之间的哈密顿量；第六项 $\hbar g \sum\limits_{i=1}^{N}(c\sigma_{ab}^i + c^\dagger\sigma_{ba}^i)$ 描述的是光学腔场作用到三能级原子能级 $|a\rangle_i$ 和 $|b\rangle_i$ 之间的哈密顿量，其中 $g = -\mu\sqrt{\dfrac{\omega_c}{2V\varepsilon_0}}$，$\mu$ 是在能级 $|a\rangle_i$ 和能级 $|b\rangle_i$ 间的电偶极转换矩阵元，V 是光学腔的体积，ε_0 是真空介电常数。

利用 Holstein-Primakoff (H-P)变换[6,8]，定义三能级原子系综的集体算符 A 和 C 的表达式：$A = \lim\limits_{N\to\infty} \sum\limits_{j=1}^{N}\dfrac{\sigma_{ba}^i}{\sqrt{N}}$ 和 $C = \lim\limits_{N\to\infty} \sum\limits_{j=1}^{N}\dfrac{\sigma_{bc}^i}{\sqrt{N}}$，而且 $A(C)$ 和 $A^\dagger(C^\dagger)$ 满足对易关系：$[A,\ A^\dagger] = 1([C,\ C^\dagger] = 1)$。在三能级原子低激发极限条件下，$\langle A^\dagger A\rangle/N \ll 1 (\langle C^\dagger C\rangle/N \ll 1)$，忽略高阶项，把三能级原子系综的集体算符 $A(C)$ 和 $A^\dagger(C^\dagger)$ 代入式(2.21)中，得到新的哈密顿量：

$$H = \hbar\omega_c c^\dagger c + \left(\frac{p^2}{2m} + \frac{1}{2}m\omega_m^2 q^2\right) - \hbar\chi c^\dagger cq + \hbar(\omega_{ab}A^\dagger A + \omega_{cb}C^\dagger C) + \hbar\Omega(\mathrm{e}^{-\mathrm{i}\nu t}A^\dagger C + \mathrm{e}^{\mathrm{i}\nu t}C^\dagger A) + \hbar G_{ab}(cA^\dagger + c^\dagger A) \tag{2.22}$$

式中，第四项 $\hbar(\omega_{ab}A^\dagger A + \omega_{cb}C^\dagger C)$ 表示三能级原子系综的自由哈密顿量；第五项 $\hbar\Omega(\mathrm{e}^{-\mathrm{i}\nu t}A^\dagger C + \mathrm{e}^{\mathrm{i}\nu t}C^\dagger A)$ 表示外加控制场与三能级原子系综(涉及能级 $|a\rangle_i$ 和能级 $|c\rangle_i$ 之间的转换)之间耦合作用的哈密顿量；第六项 $\hbar G_{ab}(cA^\dagger + c^\dagger A)$ 表示光学腔与三能级原子系综(涉及能级 $|a\rangle_i$ 和能级 $|b\rangle_i$ 之间的转换)耦合作用的哈密顿量，其中 $G_{ab} = \sqrt{N}g$。

2.2.4 含两个带电力学振子混合光力学系统

下面研究含有两个带电力学振子(MR1 和 MR2)的混合光力学系统[12]。首先，推导两个带电力学振子(MR1 和 MR2)之间库仑作用的哈密顿量。如图 2.6 所示，两个带电力学振子 MR1 和 MR2 的电量分别是 $Q_1 = V_1 C_1$ 和 $Q_2 = -V_2 C_2$，其中，C_1、C_2 表示偏置门的电容，V_1、V_2 表示偏置门的电压。由于库仑相互作用，两个带电力学振子 MR1 和 MR2 之间的哈密顿量表示为

$$H_c = \frac{-C_1 V_1 C_2 V_2}{4\pi |r_0 + q_1 - q_2|} \tag{2.23}$$

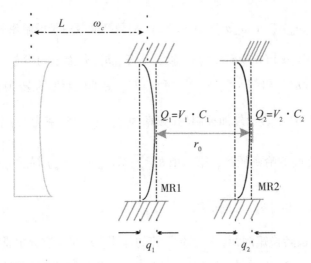

图 2.6　存在两个带电力学振子的混合光力学系统[12]

式中，r_0 表示力学振子 MR1 和力学振子 MR2 平衡位置之间的距离；q_1 和 q_2 分别表示力学振子 MR1 和 MR2 偏离各自平衡位置的位移。在满足 $r_0 \gg q_1$ 和 $r_0 \gg q_2$ 的条件下，关于 r_0 作二阶展开：

$$H_c = \frac{-C_1 V_1 C_2 V_2}{4\pi |r_0|}\left[1 - \frac{q_1 - q_2}{r_0} + \left(\frac{q_1 - q_2}{r_0}\right)^2\right] \approx \hbar \lambda q_1 q_2 \tag{2.24}$$

式中，$\lambda = \dfrac{C_1 V_1 C_2 V_2}{2\pi \hbar \varepsilon_0 r_0^3}$，为两个带电力学振子之间的耦合强度；$\varepsilon_0$ 表示真空介电常数。

根据式(2.24)，写出含有两个带电力学振子混合光力学系统总哈密顿量：

$$H = \hbar \omega_c c^\dagger c + \left(\frac{p_1^2}{2m_1} + \frac{1}{2}m_1 \omega_1^2 q_1^2\right) + \left(\frac{p_2^2}{2m_2} + \frac{1}{2}m_2 \omega_2^2 q_2^2\right) - \hbar \chi c^\dagger c q_1 + \hbar \lambda q_1 q_2 \tag{2.25}$$

式中，第五项 $\hbar \lambda q_1 q_2$ 表示两个带电力学振子(MR1 和 MR2)之间的库仑耦合作用[12]。

2.3　输入-输出关系

在光力学系统中，研究光力诱导透明(放大或者吸收)现象时，需要利用输入-输出关系来研究输出光场。首先，写出系统与热库之间的总哈密顿量：

$$
\begin{aligned}
H &= H_{\text{sys}} + H_B + H_{\text{int}} \\
H_B &= \hbar \int_{-\infty}^{+\infty} \omega b^\dagger(\omega) b(\omega)\, \mathrm{d}\omega \\
H_{\text{int}} &= \mathrm{i}\hbar \int_{-\infty}^{+\infty} K(\omega)\left[b^\dagger(\omega)c - b(\omega)c^\dagger\right]\mathrm{d}\omega
\end{aligned}
\tag{2.26}
$$

式中，H_{sys} 表示系统的哈密顿量；H_B 表示热库的哈密顿量；H_{int} 是热库与系统之间相互作用的哈密顿量；c 表示系统算符；$b(\omega)(b^\dagger(\omega))$ 表示热库的湮灭（产生）算符，算符 $b(\omega_1)$ 与 $b^\dagger(\omega_2)$ 满足对易关系：$[b(\omega_1),\ b^\dagger(\omega_2)] = \delta(\omega_1 - \omega_2)$。

考虑衰减项时，写出系统算符 c 和热库算符 $b(\omega)$ 的海森伯运动方程：

$$\frac{\mathrm{d}[b(\omega,\ t)]}{\mathrm{d}t} = -\mathrm{i}\omega b(\omega,\ t) + K(\omega)c$$

$$\frac{\mathrm{d}c}{\mathrm{d}t} = -\frac{\mathrm{i}}{\hbar}[c,\ H_{\mathrm{sys}}] - \int_{-\infty}^{+\infty} K(\omega)b^\dagger(\omega,\ t)\mathrm{d}\omega \tag{2.27}$$

定义光场的输入算符 $c_{\mathrm{in}}(t)$ 和输出光场 $c_{\mathrm{out}}(t)$ 为

$$c_{\mathrm{in}}(t) = -\int_{-\infty}^{+\infty} \exp[-\mathrm{i}\omega(t - t_0)]b(\omega,\ t_0)\mathrm{d}\omega,\quad (t > t_0)$$

$$c_{\mathrm{out}}(t) = \int_{-\infty}^{+\infty} \exp[-\mathrm{i}\omega(t - t_1)]b(\omega,\ t_1)\mathrm{d}\omega,\quad (t_1 > t) \tag{2.28}$$

其中，t_0 为初始时刻。

$$\int_{-\infty}^{+\infty} \exp[-\mathrm{i}\omega(t - t')]\mathrm{d}\omega = 2\pi\delta(t - t') \tag{2.29}$$

利用马尔可夫近似 $K(\omega) = \sqrt{\dfrac{\gamma}{2\pi}}$ 和式（2.29），可以得到：

$$\frac{\mathrm{d}c}{\mathrm{d}t} = -\frac{\mathrm{i}}{\hbar}[c,\ H_{\mathrm{sys}}] - \frac{\gamma}{2}c + \sqrt{\gamma}\,c_{\mathrm{in}}(t)$$

$$\frac{\mathrm{d}c}{\mathrm{d}t} = -\frac{\mathrm{i}}{\hbar}[c,\ H_{\mathrm{sys}}] + \frac{\gamma}{2}c - \sqrt{\gamma}\,c_{\mathrm{out}}(t) \tag{2.30}$$

其中，$-\dfrac{\gamma}{2}c$ 为衰减项。对比式（2.30），得到输入-输出关系：

$$c_{\mathrm{in}}(t) + c_{\mathrm{out}}(t) = \sqrt{\gamma}\,c(t) \tag{2.31}$$

在讨论光力学系统时，c 表示光学腔场算符。

2.4　缀饰态理论

在研究光学腔场与二能级（三能级）原子之间相互作用、力学振子与二能级量子比特之间耦合作用或者两个带电力学振子之间耦合作用时，需要利用缀饰态理论，来解释出现双光力诱导透明 dips 产生的物理原因。接下来，本节详细介绍缀饰态理论。

下面研究二能级原子（基态为 $|b\rangle$，激发态为 $|a\rangle$，能级间的频率差为 ω_{ab}）与光学腔（频率为 ω_c、产生算符 $c^\dagger$ 和湮灭算符 c）之间相互作用的系统，写出系统哈密顿量：

$$H = H_a + H_c + H_{int}$$

$$H_a = \frac{\hbar \omega_{ab} \sigma_z}{2}$$

$$H_c = \hbar \omega_c c^\dagger c \qquad (2.32)$$

$$H_{int} = \hbar g (\sigma_+ c + \sigma_- c^\dagger)$$

式中，H_a、H_c 和 H_{int} 分别表示二能级原子、光学腔场和两者之间相互作用的哈密顿量。假设哈密顿量 $H_0 = H_a + H_c$ 的本征态为 $|a, n\rangle$ 和 $|b, n+1\rangle$，得到：

$$H_0 |a, n\rangle = \hbar \left(\frac{\omega_{ab}}{2} + n\omega_c \right)$$

$$H_0 |b, n+1\rangle = \hbar \left[-\frac{\omega_{ab}}{2} + (n+1)\omega_c \right] \qquad (2.33)$$

考虑 $\varepsilon_n = \{ |a, n\rangle, |b, n+1\rangle \}$，系统哈密顿量为

$$H = \sum_n H_n$$

$$H_n = \hbar \omega_c \left(n + \frac{1}{2} \right) \begin{pmatrix} 1 & 0 \\ 0 & 1 \end{pmatrix} + \frac{\hbar}{2} \begin{pmatrix} \delta & 2g\sqrt{n+1} \\ 2g\sqrt{n+1} & -\delta \end{pmatrix} \qquad (2.34)$$

在这里，H_n 只作用到 ε_n 上，$\delta = \omega_{ab} - \omega_c$。对式(2.34)进行对角化，求出 H 的本征值：

$$E_{1n} = \hbar \omega_c \left(n + \frac{1}{2} \right) + \frac{\hbar}{2} R_n$$

$$E_{2n} = \hbar \omega_c \left(n + \frac{1}{2} \right) - \frac{\hbar}{2} R_n \qquad (2.35)$$

在这里，$R_n = \sqrt{\delta^2 + 4g^2(n+1)}$。还可以求出本征函数：

$$|1n\rangle = \cos\theta_n |a, n\rangle + \sin\theta_n |b, n+1\rangle$$

$$|2n\rangle = -\sin\theta_n |a, n\rangle + \cos\theta_n |b, n+1\rangle \qquad (2.36)$$

其中，$\cos\theta_n = \dfrac{2g\sqrt{n+1}}{\sqrt{(R_n - \delta)^2 + 4g^2(n+1)}}$。

2.5　电磁诱导透明及慢光效应

2.5.1　电磁诱导透明

如图 2.7(a)所示，用一个弱的探测光(频率为 ω_p)作用到 Λ-型三能级原子的能级

$|3\rangle_i$ 和能级 $|1\rangle_i$ 之间(其中，能级 $|3\rangle_i$ 和能级 $|1\rangle_i$ 与探测场之间的失谐量为 Δ_1，衰减率为 Γ_{31})，当满足共振条件 $\omega_p = \omega_{31}$ 时，探测光会被吸收；如果用另一束强的耦合场(频率为 ω_c)也作用到 Λ-型三能级原子能级 $|3\rangle_i$ 和能级 $|2\rangle_i$ 之间(其中，能级 $|3\rangle_i$ 和能级 $|2\rangle_i$ 与耦合场之间的失谐量为 Δ_2，衰减率为 Γ_{32})，探测光的吸收会大大减弱，在共振频率处的吸收谱出现电磁诱导窗口 dip，表示探测光完全透过系统[13-15]。从图 2.7(b)可知，极化率(Susceptibility)χ 的虚部 $\text{Im}[\chi]$ 在横坐标为 $(\omega_p - \omega_{31})/\gamma_{31} = 0$ 处出现一个透明诱导窗口 dip(如实线所示)，即 $\text{Im}[\chi] = 0$，出现电磁诱导透明现象。

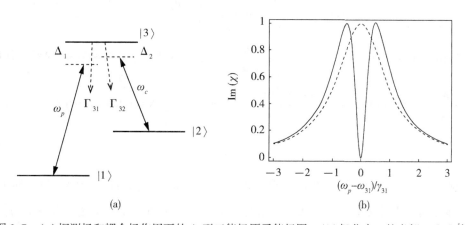

图 2.7 (a)探测场和耦合场作用下的 Λ-型三能级原子能级图；(b)极化率 χ 的虚部 $\text{Im}[\chi]$ [15]

2.5.2 慢光效应

利用电磁诱导透明原理，可以观察到慢光效应[13,16]。

首先，介绍相速度的概念。一个单色的平面波(频率为 ω)入射到折射率为 n 的介质上，此平面波表示为

$$E(z,\ t) = A e^{i(k \cdot z - \omega \cdot t)} + c.c \qquad (2.37)$$

在这里，$k = \dfrac{n\omega}{c}$ 表示波矢。平面波的相位为 $\varphi = k \cdot z - \omega \cdot t$，常相位点在时间 Δt 内移动距离为 Δz，满足 $k\Delta z = \omega \Delta t$。定义相速度 v_p 为：

$$v_p = \frac{\Delta z}{\Delta t} = \frac{\omega}{k} = \frac{c}{n} \qquad (2.38)$$

由式(2.38)可以看出，相速度是常相位点的传播速度，与介质的折射率成反比。

接下来，介绍群速度的概念[16]。当光脉冲通过介质时，光脉冲是由不同频率的光波构成的，不同频率的光对相位都有作用。定义光波的相位为

$$\varphi = \frac{n \cdot \omega \cdot z}{c} - \omega \cdot t \tag{2.39}$$

光脉冲在介质中传播时，要求光脉冲相位 φ 对频率 ω 的一阶导数为零，即 $\frac{\mathrm{d}\varphi}{\mathrm{d}\omega} = 0$（也即

$\frac{\mathrm{d}n}{\mathrm{d}\omega} \cdot \frac{\omega \cdot z}{c} + \frac{n \cdot z}{c} - t = 0$）。当光脉冲通过介质时，群速度 v_g 为光脉冲或者波包中心的运动

速度，其表达式为

$$v_g = \frac{z}{t} = \frac{c}{n + \omega \frac{\mathrm{d}n}{\mathrm{d}\omega}} = \frac{c}{n_g} \tag{2.40}$$

在这里，定义群折射率为 $n_g = n + \omega \frac{\mathrm{d}n}{\mathrm{d}\omega}$。此外，还可以定义群速度 v_g 的另一种形式，

利用 $k = \frac{n\omega}{c}$，k 对 ω 求导得到：$\frac{\mathrm{d}k}{\mathrm{d}\omega} = \left(\frac{\mathrm{d}n}{\mathrm{d}\omega}\right)\left(\frac{\omega}{c}\right) + \frac{n}{c}$，代入式(2.40)后得到：

$$v_g = \frac{\mathrm{d}\omega}{\mathrm{d}k} \tag{2.41}$$

根据式(2.40)可知，群速度 v_g 与介质的群折射率 n_g 有关。具体来说，当介质的群折射率 $n_g > 1$ 时，群速度 $v_g < c$，表示光脉冲在介质中的传播速度小于光在真空中的传播速度，即出现慢光；反之，当介质的群折射率 $n_g < 1$ 时，群速度 $v_g > c$，表示光脉冲在介质中的传播速度大于光在真空中的传播速度，即出现快光。利用电磁诱导透明原理，可以减慢光速[17-21]。例如，Turukhin 等在掺杂 Pr 的 Y_2SiO_5 光学致密晶体中实现了超慢的群速度，光的速度能够减慢到 45m/s，对应于群延迟为 66μs[17]。在超冷钠原子气体中，Hau 等研究光脉冲速度能减慢到 17m/s[18]。此外，Phillips 等研究在 Rb 原子蒸气中光脉冲的速度可以有效减小并能够实现"光的存储"，并可以在存储一段时间后再释放出光[21]。

2.6　光力诱导透明、放大及吸收

在本节，当光学腔与力学振子之间的耦合为线性(或者平方)耦合时，讨论典型光力学系统中的光力诱导透明、光力诱导放大和光力诱导吸收现象，为后面研究混合腔光力学系统诱导透明及其相关现象做好理论的准备。

2.6.1　线性耦合时的光力诱导透明

首先，考虑力学振子与光学腔之间线性耦合的典型光力学系统。如图 2.8 所示，力学

振子和光学腔(频率为 ω_c, 长度为 L) 之间的耦合是线性的, 对光学腔分别施加一个弱的探测场(频率为 ω_p, 振幅为 ε_p) 和一个强的耦合场(频率为 ω_l, 振幅为 ε_l) 作用。2010年, Agarwal 等研究了典型光力学系统的光力诱导透明现象[22]。在式(2.14)基础上, 增加探测场(耦合场)与光学腔之间相互作用的哈密顿量, 考虑力学振子与光学腔之间的耦合为线性的, 得到此典型光力学系统的哈密顿量:

$$H = \hbar \omega_c c^\dagger c + \left(\frac{p^2}{2m} + \frac{1}{2} m \omega_m^2 q^2 \right) - \hbar \chi c^\dagger c q +$$

$$i \hbar \varepsilon_l (c^\dagger e^{-i\omega_l t} - c e^{i\omega_l t}) + i \hbar \varepsilon_p (c^\dagger e^{-i\omega_p t} - c e^{i\omega_p t}), \quad \left(\chi = \frac{\omega_c}{L} \right) \tag{2.42}$$

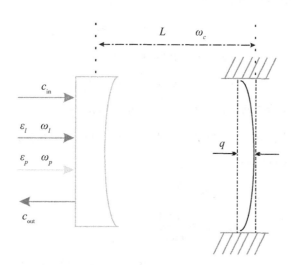

图 2.8 力学振子与光学腔之间线性耦合时典型光力学系统[22]

式中, 第四项 $i \hbar \varepsilon_l (c^\dagger e^{-i\omega_l t} - c e^{i\omega_l t})$ 表示耦合场与光学腔之间相互作用的哈密顿量; 第五项 $i \hbar \varepsilon_p (c^\dagger e^{-i\omega_p t} - c e^{i\omega_p t})$ 表示探测场与光学腔之间相互作用的哈密顿量。对式(2.42)中的哈密顿量进行幺正变换 $U(t) = \exp(-i\omega_l c^\dagger c t)$ 得到:

$$H = U^\dagger(t) H U(t) - i \hbar U^\dagger(t) \frac{\partial U(t)}{\partial t}$$

$$= \hbar \Delta_c c^\dagger c + \left(\frac{p^2}{2m} + \frac{1}{2} m \omega_m^2 q^2 \right) - \hbar \chi c^\dagger c q +$$

$$i \hbar \varepsilon_l (c^\dagger - c) + i \hbar \varepsilon_p (c^\dagger e^{-i\delta t} - c e^{i\delta t}), \quad \left(\chi = \frac{\omega_c}{L} \right) \tag{2.43}$$

式中, $\Delta_c = \omega_c - \omega_l$, $\delta = \omega_p - \omega_l$。在弱耦合条件下, 忽略所有算符的量子涨落, 两算符乘积平均值 $\langle Q \rangle \langle c \rangle$ 的值远大于量子涨落关联 $\langle \delta(Q) \rangle \langle \delta(c) \rangle$, 利用平均场近似 $\langle Qc \rangle =$

$\langle Q \rangle \langle c \rangle$，引入衰减项和涨落噪声项，计算出相关算符的运动方程平均值：

$$\begin{cases} \left\langle \dfrac{\mathrm{d}p}{\mathrm{d}t} \right\rangle = -m\omega_m^2 \langle q \rangle - \gamma_m \langle p \rangle + \sqrt{2\gamma_m}\xi(t) + \hbar\chi \langle c^\dagger \rangle \langle c \rangle \\[2mm] \left\langle \dfrac{\mathrm{d}q}{\mathrm{d}t} \right\rangle = \dfrac{\langle p \rangle}{m} \\[2mm] \left\langle \dfrac{\mathrm{d}c}{\mathrm{d}t} \right\rangle = -[\kappa + \mathrm{i}(\Delta_c - \chi\langle q \rangle)]\langle c \rangle + \varepsilon_l + \varepsilon_p \mathrm{e}^{-\mathrm{i}\delta t} + \sqrt{\kappa}\,c_{\mathrm{in}} \end{cases} \tag{2.44}$$

式中，γ_m 表示力学振子的衰减率；κ 表示光学腔的衰减率；$\xi(t)$ 和 c_{in} 分别表示来自环境的量子噪声。在马尔可夫近似下，$\xi(t)$ 和 c_{in} 取为零。

假设式(2.44)的解满足如下形式[23]：

$$\langle q \rangle = q_s + q_+ \varepsilon_p \mathrm{e}^{-\mathrm{i}\delta t} + q_- \varepsilon_p \mathrm{e}^{\mathrm{i}\delta t}$$
$$\langle p \rangle = p_s + p_+ \varepsilon_p \mathrm{e}^{-\mathrm{i}\delta t} + p_- \varepsilon_p \mathrm{e}^{\mathrm{i}\delta t} \tag{2.45}$$
$$\langle c \rangle = c_s + c_+ \varepsilon_p \mathrm{e}^{-\mathrm{i}\delta t} + c_- \varepsilon_p \mathrm{e}^{\mathrm{i}\delta t}$$

式(2.45)中，每一项包含三项：W_s，W_+，W_-，$W \in \{p, q, c\}$，分别对应于频率为 ω_l，ω_p，$2\omega_l - \omega_p$ 的响应[24]。由于 $W_s \gg W_\pm$，把 $W_\pm$ 当作微扰，把式(2.45)代入式(2.44)，忽略高阶项，求出相关算符的稳态平均值：

$$p_s = 0$$
$$q_s = \frac{\hbar\chi A}{m\omega_m^2} \tag{2.46}$$
$$c_s = \frac{\varepsilon_l}{\kappa + \mathrm{i}(\Delta_c - \chi q_s)}$$

式(2.46)中，$\Delta = \Delta_c - \chi q_s$，$A = c_s c_s^*$（$c_s^*$ 为 c_s 的共轭运算）。

$$c_+ = \frac{m\hbar FL}{m\hbar TFL + \mathrm{i}AX^2 L - \mathrm{i}\chi^4 c_s^4} \tag{2.47}$$

式(2.47)中，$T = \kappa - \mathrm{i}\delta + \mathrm{i}\Delta$，$R = \kappa - \mathrm{i}\delta - \mathrm{i}\Delta$，$F = \delta^2 + \mathrm{i}\delta\gamma_m - \omega_m^2$，$L = \mathrm{i}m\hbar RF + AX^2$。

利用输入-输出关系，得到输出光场为：$\langle c_{\mathrm{out}} \rangle + \dfrac{\varepsilon_l}{\sqrt{2\kappa}} + \dfrac{\varepsilon_p \mathrm{e}^{-\mathrm{i}\delta t}}{\sqrt{2\kappa}} = \sqrt{2\kappa}\langle c \rangle$。假设输出光场满足：$\langle c_{\mathrm{out}} \rangle = c_{\mathrm{out},\,s} + c_{\mathrm{out},\,+}\varepsilon_p \mathrm{e}^{-\mathrm{i}\delta t} + c_{\mathrm{out},\,-}\varepsilon_p \mathrm{e}^{\mathrm{i}\delta t}$，并利用 $\langle c \rangle = c_s + c_+ \varepsilon_p \mathrm{e}^{-\mathrm{i}\delta t} + c_- \varepsilon_p \mathrm{e}^{\mathrm{i}\delta t}$，联立求出 $c_{\mathrm{out},\,+}$：

$$c_{\mathrm{out},\,+} = \sqrt{2\kappa}\,c_+ - \frac{1}{\sqrt{2\kappa}} \tag{2.48}$$

式(2.48)中的 c_+ 由式(2.47)给出。

为了更好地研究输出光场，重新定义输出光场的表达式 ε_T：

$$\varepsilon_T = \sqrt{2\kappa} c_{\text{out},\ +} + 1 = 2\kappa c_+ \tag{2.49}$$

并且计算输出光场 ε_T 的实部 χ_p 和虚部 μ_p：

$$\chi_p = \mathrm{Re}\varepsilon_T = \mathrm{Re}(2\kappa c_+)$$
$$\mu_p = \mathrm{Im}\varepsilon_T = \mathrm{Im}(2\kappa c_+) \tag{2.50}$$

式中，输出光场 ε_T 的实部 χ_p 和虚部 μ_p 分别描述输出光场的吸收和色散性质[22]。

在图 2.9 中，以 $\dfrac{\delta}{\omega_m}$ 为横坐标，绘制输出光场的吸收光谱 χ_p（如 1 号线所示）和色散光谱 μ_p（如 2 号线所示）。选择以下参数[22]：光学腔长度为 $L = 25\mathrm{mm}$，光学腔频率为 $\omega_c = 1.77 \times 10^{15}\mathrm{Hz}$，光学腔与力学振子之间的耦合强度为 $\chi = \dfrac{\omega_c}{L}$，力学振子的频率为 $\omega_m = 2\pi \times 947 \times 10^3\mathrm{Hz}$，力学振子的质量为 $m = 145\mathrm{ng}$，力学振子的衰减率为 $\gamma_m = \dfrac{\omega_m}{6700}\mathrm{Hz}$，光学腔的衰减率为 $\kappa = 2\pi \times 215 \times 10^3\mathrm{Hz}$ 和耦合场的波长为 $\lambda_l = 1064\mathrm{nm}$，耦合场的功率为 $P_l = 3.8\mathrm{mW}$，满足共振条件：$\Delta = \omega_m$。观察图 2.9 中吸收光谱 χ_p（如 1 号线所示）可知，在 $\dfrac{\delta}{\omega_m} = 1$ 的附近会出现光力诱导透明窗口 dip。

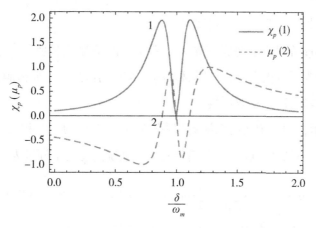

图 2.9 腔光力学系统输出场吸收光谱 χ_p（1 号线）和色散光谱 μ_p（2 号线）

2.6.2 平方耦合时的光力诱导透明

在薄膜腔光力学系统中，考虑薄膜振子与光学腔之间是平方耦合（Quadratic Coupling）

的情况，薄膜振子与光学腔之间的耦合强度由薄膜振子在光学腔中的位置决定[24,25]。2008年，Thompson 等[26]研究在力学振子位于光腔模的波腹（或者波节）时光腔频率的极值。若薄膜振子放置在光学腔的波节（Nodes）位置时，薄膜振子与光学腔之间的耦合是线性的，则这是单声子过程。若薄膜振子放置在光学腔的波腹（Antinodes）位置时，薄膜振子与光学腔之间的耦合是平方的，则这是双声子过程。在单声子过程中，薄膜振子位移平均值不为零，能够影响输出光场的特性；而在双声子过程，薄膜振子位移平均值是零，不影响输出光场的特性，但是力学振子的位移涨落（The Fluctuation in Displacement）能够影响输出光场的特性[24-26]。

下面讨论如何定义薄膜振子与光学腔之间平方耦合强度 χ_{qu}。首先，长度为 L 的光学腔是由两个固定镜子构成的，左侧的镜子是半透射的（其反射率为 R），右侧的镜子是完全反射，光学腔的频率 $\omega(q)$ 满足下式[24]：

$$\omega(q) = \omega_n + \frac{\pi}{\tau} - \frac{1}{\tau}\left[\sin^{-1}(\sqrt{R}\cos 2k_n q) + \sin^{-1}(\sqrt{R})\right] \tag{2.51}$$

在整个光腔中，存在奇数个半波。当 $R = 1$，$q = 0$，$k_n = \dfrac{\omega_n}{c}$ 和 $\tau = \dfrac{L}{c}$ 成立时，$\omega_n = \dfrac{2n\pi c}{L}$ 称为左、右腔的共振频率。如果薄膜振子放置在光学腔的波腹位置，力学振子的频率满足 $\omega(q) = \omega_c + \dfrac{1}{2}\left(\dfrac{\mathrm{d}^2\omega}{\mathrm{d}q^2}\right)_{q=0}q^2$，则得到平方耦合强度：$\chi_{qu} = \dfrac{1}{2}\left(\dfrac{\mathrm{d}^2\omega}{\mathrm{d}q^2}\right)_{q=0} = \dfrac{8\pi^2 c}{\lambda^2 L}\sqrt{\dfrac{R}{1-R}}$，其中，$\lambda$ 是耦合场的波长，c 是真空中的光速。

2011 年，Huang 等研究了薄膜腔光力学系统中的诱导透明现象[24]。当薄膜振子与光学腔之间相互作用为平方耦合时，薄膜振子的位移平均值是零，而薄膜振子的位移涨落不为零，它对输出光场会产生重要影响。

如图 2.10 所示，用一个弱的探测场（频率为 ω_p，振幅为 ε_p）和一个强的耦合场（频率为 ω_l，振幅为 ε_l）驱动光学腔场，薄膜腔光力学系统的总哈密顿量为

$$\begin{aligned}H =& \hbar\omega_c c^\dagger c + \left(\frac{p^2}{2m} + \frac{1}{2}m\omega_m^2 q^2\right) + \mathrm{i}\hbar\varepsilon_p(c^\dagger e^{-\mathrm{i}\omega_p t} - c e^{\mathrm{i}\omega_p t}) + \\ & \mathrm{i}\hbar\varepsilon_l(c^\dagger e^{-\mathrm{i}\omega_l t} - c e^{\mathrm{i}\omega_l t}) - \hbar\chi_{qu}c^\dagger c q^2\end{aligned} \tag{2.52}$$

式（2.52）中，第五项 $-\hbar\chi_{qu}c^\dagger c q^2$ 表示力学振子与光学腔场之间的平方耦合作用哈密顿量，其中 $\chi_{qu} = \dfrac{1}{2}\left(\dfrac{\mathrm{d}^2\omega}{\mathrm{d}q^2}\right)_{q=0} = \dfrac{8\pi^2 c}{\lambda^2 L}\sqrt{\dfrac{R}{1-R}}$。对式（2.52）中薄膜腔光力学系统的总哈密顿量进行幺正变换 $U(t) = \exp(-\mathrm{i}\omega_l(c^\dagger c)t)$ 得到：

$$H = U^{\dagger}(t)HU(t) - i\hbar U^{\dagger}(t)\frac{\partial U(t)}{\partial t}$$

$$= \hbar \Delta_c c^{\dagger}c + \left(\frac{p^2}{2m} + \frac{1}{2}m\omega_m^2 q^2\right) + i\hbar \varepsilon_l (c^{\dagger} - c) + \tag{2.53}$$

$$i\hbar \varepsilon_p (c^{\dagger}e^{-i\delta t} - c e^{i\delta t}) - \hbar \chi_{qu} c^{\dagger}c q^2$$

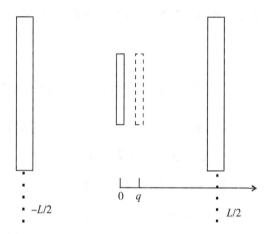

图 2.10　薄膜振子与光学腔之间为平方耦合时的薄膜腔光力学系统[24]

式(2.53)中，$\Delta_c = \omega_c - \omega_l$，$\delta = \omega_p - \omega_l$。在弱耦合条件下，所有算符的量子涨落被忽略，两算符乘积平均值 $\langle Q \rangle \langle c \rangle$ 的值远大于量子涨落关联 $\langle \delta(Q) \rangle \langle \delta(c) \rangle$，利用平均场近似 $\langle Qc \rangle = \langle Q \rangle \langle c \rangle$，引入衰减量和涨落噪声项，计算相关算符的运动方程平均值：

$$\left\langle \frac{\mathrm{d}p}{\mathrm{d}t} \right\rangle = -m\omega_m^2 \langle q \rangle - \gamma_m \langle p \rangle + \sqrt{2\gamma_m}\xi(t) - 2\hbar\chi_{qu}\langle c^{\dagger}\rangle\langle c \rangle\langle q \rangle$$

$$\left\langle \frac{\mathrm{d}q}{\mathrm{d}t} \right\rangle = \frac{\langle p \rangle}{m} \tag{2.54}$$

$$\left\langle \frac{\mathrm{d}c}{\mathrm{d}t} \right\rangle = -\left[\kappa + i(\Delta_c + \chi_{qu}\langle q^2 \rangle)\right]\langle c \rangle + \varepsilon_l + \varepsilon_p e^{-i\delta t} + \sqrt{\kappa}\,c_{\mathrm{in}}(t)$$

由式(2.54)计算出相关算符在稳态时的期望值：

$$p_s = 0$$

$$q_s = 0 \tag{2.55}$$

$$c_s = \frac{\varepsilon_l}{\kappa + i\Delta}$$

式(2.55)中，$\Delta = \Delta_c - \chi_{qu}q_s^2$。因为力学振子的位移平均值为零，所以不改变输出光场的性质。在薄膜光力学系统中，力学振子与光学腔场之间存在平方耦合，环境的热涨落使得

$\langle q^2 \rangle \neq 0$。在平均场近似下，还需要计算算符 q^2、p^2 和 $qp + pq$ 的平均值运动方程：

$$\left\langle \frac{\mathrm{d}q^2}{\mathrm{d}t} \right\rangle = \frac{\langle pq + qp \rangle}{m}$$

$$\left\langle \frac{\mathrm{d}p^2}{\mathrm{d}t} \right\rangle = -2\gamma_m \langle p^2 \rangle + 2\gamma_m (1 + 2n) \frac{\hbar m \omega_m}{2} - m\omega_m^2 \langle pq + qp \rangle - 2\hbar \chi_{qu} \langle c^\dagger \rangle \langle c \rangle \langle pq + qp \rangle$$

$$\frac{\mathrm{d}\langle pq + qp \rangle}{\mathrm{d}t} = \frac{2\langle p^2 \rangle}{m} - \gamma_m \langle pq + qp \rangle - 2m\omega_m^2 \langle q^2 \rangle - 4\hbar \chi_{qu} \langle c^\dagger \rangle \langle c \rangle \langle q^2 \rangle$$

$$(2.56)$$

式 (2.56) 中，$2\gamma_m (1 + 2n) \dfrac{\hbar m \omega_m}{2}$ 表示力学振子与环境之间的耦合作用，$n = (\mathrm{e}^{\frac{\hbar \omega_m}{k_B T}} - 1)^{-1}$

表示在温度 T 下力学振子（能量为 $\hbar \omega_m$）的平均声子数[24]，k_B 表示玻尔兹曼常数。定义 $X = q^2$，$Y = p^2$ 和 $Z = pq + qp$，假设式 (2.56) 的解采用以下形式[23]：

$$\langle W \rangle = W_s + W_+ \varepsilon_p \mathrm{e}^{-\mathrm{i}\delta t} + W_- \varepsilon_p \mathrm{e}^{\mathrm{i}\delta t} \qquad (2.57)$$

在这里，每一项包括三项：W_s，W_+ 和 W_-（$W \in \{p, q, X, Y, Z, c\}$）。当 $W_s \gg W_\pm$ 时，把 $W_\pm$ 看作微扰，把式 (2.57) 代入式 (2.56) 中，忽略高阶项，计算出相应算符的稳态解（注意：$*$ 表示共轭运算）：

$$c_s = \frac{\varepsilon_l}{\kappa + \mathrm{i}\Delta}$$

$$Y_s = \frac{(1 + 2n) \hbar m \omega_m}{2} \qquad (2.58)$$

$$X_s = \frac{Y_s}{m(m\omega_m^2 + 2\hbar \chi_{qu} c_s c_s^*)}$$

还可以得到 c_+ 的表达式：

$$c_+ = \frac{L - 4\mathrm{i}T}{ML + 8T} \qquad (2.59)$$

在式 (2.59) 中，$L = (\kappa - \mathrm{i}\Delta - \mathrm{i}\delta)(\gamma_m - \mathrm{i}\delta)(\delta^2 + 2\mathrm{i}\gamma_m \delta - 8\alpha - 4)$，$T = \Delta\alpha\beta(2\gamma_m - \mathrm{i}\delta)$，$M = \kappa + \mathrm{i}\Delta - \mathrm{i}\delta$。在这里，$\alpha = \dfrac{\hbar \chi_{qu} A}{m\omega_m^2}$，$\beta = \dfrac{\chi_{qu} X_s}{\omega_m}$，$A = c_s c_s^*$。

利用式 (2.59)，计算出输出光场的吸收光谱 χ_p 和色散光谱 μ_p：

$$\chi_p = \mathrm{Re}[\varepsilon_T] = \mathrm{Re}[2\kappa c_+]$$
$$\mu_p = \mathrm{Im}[\varepsilon_T] = \mathrm{Im}[2\kappa c_+] \qquad (2.60)$$

在图 2.11 中，以 $\dfrac{\delta}{\omega_m}$ 为横坐标，绘制输出光场的吸收光谱 χ_p（1 号线）和色散光谱 μ_p（2 号线）。选取以下参数[24]：光学腔的长度为 $L = 6.7\text{mm}$，光学腔频率为 $\omega_c = 3.54 \times 10^{15}\text{Hz}$，光学腔与力学振子之间的耦合强度为 $\chi_{qu} = 2\pi \times 1.8 \times 10^{23}\text{Hz/m}^2$，力学振子的频率为 $\omega_m = 2\pi \times 10^5\text{Hz}$，力学振子的质量为 $m = 1\text{ng}$，力学振子的衰减率为 $\gamma_m = 20\text{Hz}$，光学腔的衰减率为 $\kappa = 2\pi \times 10^4\text{Hz}$，耦合场的波长为 $\lambda_l = 532\text{nm}$，耦合场的功率为 $P_l = 90\mu\text{W}$，温度为 $T = 90\text{K}$，而且满足共振条件：$\Delta = 2\omega_m$。

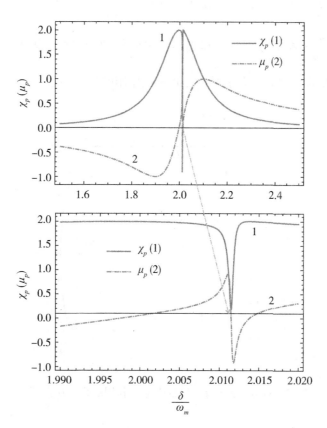

图 2.11　输出光场的吸收光谱 χ_p（1 号线）和色散光谱 μ_p（2 号线），其薄膜振子与光学腔之间的相互作用是平方耦合的

　　观察图 2.11 可知，当力学振子与光学腔之间相互作用为平方耦合时，在 $\dfrac{\delta}{\omega_m} = 2$ 的附近会出现光力诱导透明窗口 dip（如 1 号线所示）。

2.6.3 光力诱导放大

在如图 2.12 所示的腔光力学系统中，有一个弱的探测场（振幅为 ε_p，频率为 ω_p）和一个强的耦合场（振幅为 ε_l，频率为 ω_l）作用到光学腔上，另有外来驱动场（振幅为 ε_b，频率为 ω_b）作用到力学振子上，其中力学振子与光学腔之间的相互作用是线性的，得到典型光力学系统总哈密顿量（取 $\hbar = 1$）[27]：

$$H = \omega_c c^{\dagger}c + \omega_m b^{\dagger}b - \chi_a c^{\dagger}c(b^{\dagger}+b) + \mathrm{i}\varepsilon_b(b^{\dagger}\mathrm{e}^{-\mathrm{i}(\omega_b t+\varphi)} - b\mathrm{e}^{\mathrm{i}(\omega_b t+\varphi)}) +$$
$$\mathrm{i}\varepsilon_l(c^{\dagger}\mathrm{e}^{-\mathrm{i}\omega_l t} - c\mathrm{e}^{\mathrm{i}\omega_l t}) + \mathrm{i}\varepsilon_p(c^{\dagger}\mathrm{e}^{-\mathrm{i}\omega_p t} - c\mathrm{e}^{\mathrm{i}\omega_p t}) \tag{2.61}$$

式中，$\chi_a = \dfrac{\omega_c}{L}\sqrt{\dfrac{\hbar}{2m\omega_m}}$ 表示力学振子和光学腔之间的耦合强度；第四项 $\mathrm{i}\varepsilon_b(b^{\dagger}\mathrm{e}^{-\mathrm{i}(\omega_b t+\varphi)} - b\mathrm{e}^{\mathrm{i}(\omega_b t+\varphi)})$ 表示外加的驱动场与力学振子之间相互作用的哈密顿量。

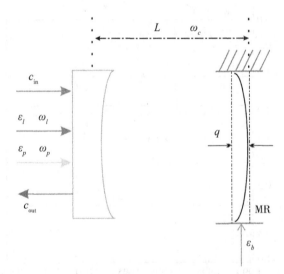

图 2.12 对力学振子有外加驱动场 ε_b 作用的腔光力学系统[27]

对式（2.61）中的总哈密顿量，进行幺正变换 $U(t) = \exp(-\mathrm{i}\omega_l(c^{\dagger}c)t)$ 得到：

$$H = \Delta_c c^{\dagger}c + \omega_m b^{\dagger}b - \chi_a c^{\dagger}c(b^{\dagger}+b) + \mathrm{i}\varepsilon_b(b^{\dagger}\mathrm{e}^{-\mathrm{i}(\delta t+\varphi)} - b\mathrm{e}^{\mathrm{i}(\delta t+\varphi)}) +$$
$$\mathrm{i}\varepsilon_l(c^{\dagger} - c) + \mathrm{i}\varepsilon_p(c^{\dagger}\mathrm{e}^{-\mathrm{i}\delta t} - c\mathrm{e}^{\mathrm{i}\delta t}) \tag{2.62}$$

式中，$\Delta_c = \omega_c - \omega_l$ 表示光学腔与耦合场之间的频率失谐量；$\delta = \omega_p - \omega_l$ 表示探测场和耦合场之间的频率失谐量。假设 $\omega_b = \delta$，$\eta = \dfrac{\varepsilon_b}{\varepsilon_p}$ 表示驱动场的振幅与探测场的振幅之比。

引入衰减项和涨落噪声项后，得到相关算符的朗之万方程：

$$\left\langle \frac{\mathrm{d}c}{\mathrm{d}t} \right\rangle = -(2\kappa + \mathrm{i}\Delta_c)c + \mathrm{i}\mathcal{X}_a c(b^\dagger + b) + \varepsilon_l + \varepsilon_p \mathrm{e}^{-\mathrm{i}\delta t} + \sqrt{2\kappa}\, c_{\mathrm{in}}$$

$$\left\langle \frac{\mathrm{d}b}{\mathrm{d}t} \right\rangle = -(\gamma_m + \mathrm{i}\omega_m)b + \mathrm{i}\mathcal{X}_a c^\dagger c + \varepsilon_b \phi \mathrm{e}^{-\mathrm{i}\delta t} + \sqrt{2\gamma_m}\, b_{\mathrm{in}}$$

$$(2.63)$$

式中，$\phi = \mathrm{e}^{-\mathrm{i}\varphi}$ 表示为相对的相位；2κ 和 γ_m 分别表示光学腔和力学振子的衰减率。算符 c_{in} 和 b_{in} 分别表示来自环境的噪声，利用马尔可夫近似，其平均值为零。利用平均场近似，求出相关算符运动方程平均值：

$$\left\langle \frac{\mathrm{d}c}{\mathrm{d}t} \right\rangle = -(2\kappa + \mathrm{i}\Delta_c)c + \mathrm{i}\mathcal{X}_a c(b^\dagger + b) + \varepsilon_l + \varepsilon_p \mathrm{e}^{-\mathrm{i}\delta t}$$

$$\left\langle \frac{\mathrm{d}b}{\mathrm{d}t} \right\rangle = -(\gamma_m + \mathrm{i}\omega_m)b + \mathrm{i}\mathcal{X}_a c^\dagger c + \varepsilon_b \phi \mathrm{e}^{-\mathrm{i}\delta t}$$

$$(2.64)$$

假设算符 O 包括三项：O_s、O_+ 和 O_-，$(O \in \{c,\ b\})$。

$$\langle O \rangle = O_s + O_+ \varepsilon_p \mathrm{e}^{-\mathrm{i}\delta t} + O_- \varepsilon_p \mathrm{e}^{\mathrm{i}\delta t} \qquad (2.65)$$

在可解的边带条件下，式(2.65)化简为

$$\langle O \rangle = O_s + O_+ \varepsilon_p \mathrm{e}^{-\mathrm{i}\delta t} \qquad (2.66)$$

因为 $O_s \gg O_+$，把 O_+ 看作微扰，忽略高阶项，可以得到相关算符的稳态平均值：

$$c_s = \frac{\varepsilon_l}{2\kappa + \mathrm{i}\Delta}$$

$$b_s = \frac{\mathrm{i}\mathcal{X}_a |c_s|^2}{\gamma_m + \mathrm{i}\omega_m}$$

$$(2.67)$$

在式(2.67)中，$\Delta = \Delta_c - \mathcal{X}_a[b_s + (b_s)^*]$，上标 $*$ 表示共轭运算。

更进一步地，还可以求解出 c_+ 的表达式：

$$c_+ = \frac{1 - \dfrac{G\eta\phi}{\mathrm{i}\gamma_m + x}}{2\kappa - \mathrm{i}x + \dfrac{|G|^2}{\gamma_m - \mathrm{i}x}} \qquad (2.68)$$

在式(2.68)中，$\omega_m > \kappa$，$\Delta = \omega_m$，$x = \delta - \Delta = \delta - \omega_m$，$G = \mathcal{X}_a c_s$ 表示有效的辐射压耦合强度。

在图 2.13 中，当力学振子与光学腔之间相互作用为线性耦合时，且存在外加场来驱动力学振子，把式(2.68)代入式(2.60)中来研究输出光场的吸收光谱 χ_p。当 $\eta = 0$ 时，表示不存在外加的驱动场对力学振子作用，会出现单个光力诱导透明窗口 dip（如点虚线段所示）；当 $\eta = 1$ 或 $\eta = 1.5$ 时，表示存在外加驱动场对力学振子的作用，光力诱导透明窗口 dip 值为负值，表示出现光力诱导放大（如虚线段或者实线所示）。此外，随着外加驱动场强度 η 的增加，光力诱导透明窗口 dip 变得更深（如实线所示）。

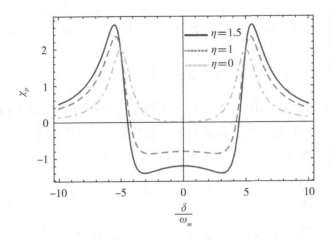

图 2.13　选取不同的 η（驱动场振幅与探测场振幅之比），以 $\dfrac{x}{\omega_m}$ 为横坐标，绘制输出场吸收光谱 χ_p（参数取

值：$\Delta = \omega_m = 2\pi \times 100\text{MHz}$，$G = 2\pi \times 10\text{MHz}$，$\phi = i$，$\gamma_m = 2\pi \times 0.01\text{MHz}$ 和 $\kappa = 2\pi \times 2\text{MHz}$）

2.6.4　光力诱导吸收

如图 2.14 所示，当用一个强的耦合场（振幅为 ε_l 和频率为 ω_l）作用于光学腔，另外两个弱的反向传播探测光（振幅为 $\varepsilon_L(\varepsilon_R)$ 和频率为 $\omega_L(\omega_R)$）同时作用于光学腔的左右两侧时，在合适的参数条件下，光被完全限制在光腔内，即输出光场为零。2014 年，Agarwal 等研究薄膜腔光力学系统中的诱导吸收现象[28]，其中薄膜振子与光学腔之间相互作用为线性耦合，此薄膜光力学系统总哈密顿量（取 $\hbar = 1$）表示为

$$H = \omega_c c^\dagger c + \omega_m b^\dagger b - \chi_a c^\dagger c (b^\dagger + b) + i\varepsilon_l(c^\dagger e^{-i\omega_l t} - c e^{i\omega_l t}) +$$
$$i\varepsilon_L(c^\dagger e^{-i\omega_L t} - c e^{i\omega_L t}) + i\varepsilon_R(c^\dagger e^{-i\omega_R t} - c e^{i\omega_R t}) \tag{2.69}$$

在式（2.69）中，第五、六项 $i\varepsilon_L(c^\dagger e^{-i\omega_L t} - c e^{i\omega_L t})$，$i\varepsilon_R(c^\dagger e^{-i\omega_R t} - c e^{i\omega_R t})$ 分别表示左侧探测场、右侧探测场与光学腔场之间相互作用的哈密顿量。

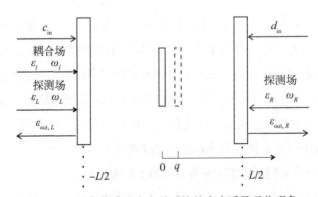

图 2.14　研究薄膜腔光力学系统的光力诱导吸收现象

假设 $\varepsilon_L = \varepsilon_R = \varepsilon_p$ 和 $\omega_L = \omega_R = \omega_p$，对式(2.69)中光力学系统总哈密顿量，进行幺正变换 $U(t) = \exp(-\mathrm{i}\omega_l(c^\dagger c)t)$ 得到：

$$H = \Delta_c c^\dagger c + \omega_m b^\dagger b - \chi_a c^\dagger c(b^\dagger + b) + \mathrm{i}\varepsilon_l(c^\dagger - c) + \mathrm{i}\varepsilon_L(c^\dagger \mathrm{e}^{-\mathrm{i}\delta t} - c\mathrm{e}^{\mathrm{i}\delta t}) + \mathrm{i}\varepsilon_R(c^\dagger \mathrm{e}^{-\mathrm{i}\delta t} - c\mathrm{e}^{\mathrm{i}\delta t})$$

(2.70)

在式(2.70)中，$\Delta_c = \omega_c - \omega_l$ 和 $\delta = \omega_p - \omega_l$。

忽略高阶项，得到相关算符的稳态平均值：

$$c_s = \frac{\varepsilon_l}{2\kappa + \mathrm{i}\Delta}$$

$$b_s = \frac{\mathrm{i}\chi_a |c_s|^2}{\gamma_m + \mathrm{i}\omega_m}$$

(2.71)

在式(2.71)中，$\omega_m > \kappa$，$\Delta = \Delta_c - \chi_a(b_s + (b_s)^*)$；$2\kappa$ 和 γ_m 分别表示光学腔和力学振子的衰减率(其中上标 $*$ 代表共轭运算)。还可以得到 c_+ 的表达式：

$$c_+ = \frac{\dfrac{\varepsilon_L + \varepsilon_R}{\varepsilon_p}}{2\kappa - \mathrm{i}x + \dfrac{G^2}{\gamma_m - \mathrm{i}x}}$$

(2.72)

在式(2.72)中，$\Delta = \omega_m$，$x = \delta - \Delta = \delta - \omega_m$，$G = \chi_a c_s$ 表示有效的辐射压耦合强度。

根据输入-输出关系，在左、右探测场的作用下，光学腔左右两侧输出场表示为

$$\varepsilon_{\mathrm{out},\,\alpha+} = 2\kappa c_+ - 1, \quad (\alpha = L, R)$$

(2.73)

如果 $\varepsilon_{\mathrm{out},\,L+} = \varepsilon_{\mathrm{out},\,R+} = 0$，需要满足下列条件：

$$\varepsilon_L = \varepsilon_R$$

$$\gamma_m = 2\kappa$$

$$x = \pm\sqrt{G^2 - 4\kappa^2}, \quad (G > 2\kappa)$$

(2.74)

表示在薄膜光力学系统中出现光力诱导吸收现象。

根据式(2.72)和式(2.73)，在图 2.15 中绘制约化输出场光子数 $\left|\dfrac{\varepsilon_{\mathrm{out},\,L+}}{\varepsilon_L}\right|^2 \left(\left|\dfrac{\varepsilon_{\mathrm{out},\,R+}}{\varepsilon_R}\right|^2\right)$。从图 2.15 中观察到：当 $G = 2\kappa$ 时，只在一个通道 $x = 0$ 处发生光力诱导吸收(如 1 号线所示)；当 $G = 4\kappa$，$G = 6\kappa$ 时，在两个通道分别是 $x = \pm 2\sqrt{3}\kappa$，$x = \pm 4\sqrt{2}\kappa$ 处，发生光力诱导吸收，如 2 号线、3 号线所示。

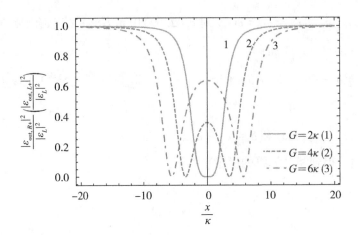

图 2.15　在 $\varepsilon_L = \varepsilon_p$、$\varepsilon_R = \varepsilon_p$ 和 $\varepsilon_b = 0$ 的条件下，参数 $\kappa = 2\pi \times 2\mathrm{MHz}$ 和 $\gamma_m = 2\kappa$，选取不同的 G 值，以 $\dfrac{x}{\kappa}$ 为横坐标，绘制约化输出场的光子数 $\left| \dfrac{\varepsilon_{\mathrm{out},\,L+}}{\varepsilon_L} \right|^2 \left(\left| \dfrac{\varepsilon_{\mathrm{out},\,R+}}{\varepsilon_R} \right|^2 \right)$

◎ 本章参考文献

[1] Orszag M. Quantum Optics[M]. Berlin：Springer-Verlag, 2016.

[2] Warwick P B, Gerard J M. Quantum optomechanics[M]. CRC Press, 2016.

[3] Kippenberg T J, Vahala K J. Cavity optomechanics：Back-action at the mesoscale [J]. Science, 2008, 321(5893)：1172-1176.

[4] Huang S, Agarwal G S. Enhancement of cavity cooling of a micromechanical mirror using parametric interactions[J]. Phys. Rev. A, 2009, 79(1)：013821.

[5] He L, Liu Y X, Yi S, et al. Control of photon propagation via electromagnetically induced transparency in lossless media[J]. Phys. Rev. A, 2007, 75(6)：063818.

[6] Gu K H, Yan X B, Zhang Y, et al. Tunable slow and fast light in an atom-assisted optomechanical system[J]. Opt. Commun., 2015, 338：569-573.

[7] Chauhan A K, Biswas A. Motion-induced enhancement of Rabi coupling between atomic ensembles in cavity optomechanics[J]. Phys. Rev. A, 2017, 95(2)：023813.

[8] Li Y, Sun C P. Group velocity of a probe light in an ensemble of Lambda Atoms under two-photon resonance[J]. Phys. Rev. A, 2004, 69(5)：051802.

[9] Ian H, Gong Z R, Liu Y X, et al. Cavity optomechanical coupling assisted by an atomic gas [J]. Phys. Rev. A, 2008, 78(1)：013824.

[10] Sun X J, Chen H, Liu W X, et al. Optical-response properties in an atom-assisted

optomechanical system with a mechanical pump [J]. J. Phys. B: At. Mol. Opt. Phys., 2017, 50(10): 105503.

[11] Wei W Y, Yu Y F, Zhang Z M. Multi-window transparency and fasts low light switching in a quadratically coupled optomechanical system assisted with three-level atoms [J]. Chin. Phys. B, 2018, 27(3): 34204.

[12] Ma P C, Zhang J Q, Xiao Y, et al. Tunable double optomechanically induced transparency in an optomechanical system [J]. Phys. Rev. A, 2014, 90(4): 043825.

[13] Harris S E. Electromagnetically induced transparency [J]. Phys. Today, 1997, 50(7): 36-42.

[14] 李海超. 基于固态可调控超导量子电路的若干量子光学问题的研究 [D]. 武汉: 华中科技大学, 2016.

[15] Fleischhauer M, Imamoglu A, Marangos J P. Electromagnetically induced transparency: optics in coherent media [J]. Rev. Mod. Phys., 2005, 77(2): 633-673.

[16] Boyd R W, Gauthier D J. "Slow" and "fast" light [J]. Prog. Opt., 2002, 43: 497-530.

[17] Turukhin A V, Sudarshanam V S, Shahriar M S, et al. Observation of ultraslow and stored light pulses in a solid [J]. Phys. Rev. Lett., 2001, 88(2): 023602.

[18] Hau L V, Harris S E, Dutton Z, et al. Light speed reduction to 17 metres persecond in an ultracold atomic gas [J]. Nature, 1999, 397(6720): 594-598.

[19] Liu C, Dutton Z, Behroozi C H, et al. Observation of coherent optical information storage in an atomic medium using halted light pulses [J]. Nature, 2001, 409(6819): 490-493.

[20] Kash M M, Sautenkov V A, Zibrov A S, et al. Ultraslow group velocity and enhanced nonlinear optical effects in a coherently driven hot atomic gas [J]. Phys. Rev. Lett., 1999, 82(26): 5229.

[21] Phillips D F, Fleischhauer A, Mair A, et al. Storage of light in atomic vapor [J]. Phys. Rev. Lett., 2001, 86(5): 783.

[22] Agarwal G S, Huang S. Electromagnetically induced transparency in mechanical effects of light [J]. Phy. Rev. A, 2010, 81(4): 041803.

[23] Zhang J Q, Li Y, Feng M, et al. Precision measurement of electrical charge with optomechanically induced transparency [J]. Phys. Rev. A, 2012, 86(5): 053806.

[24] Huang S, Agarwal G S. Electromagnetically induced transparency from two phonon processes in quadratically coupled membranes [J]. Phys. Rev. A, 2011, 83(2): 023823.

[25] Bhattacharya M, Uys H, Meystre P. Optomechanical trapping and cooling of partially

reflective mirrors[J]. Phys. Rev. A, 2008, 77(3): 033819.

[26] Thompson J D, Zwickl B M, Jayich A M, et al. Strong dispersive coupling of a high-finesse cavity to a micromechanical membrane[J]. Nature, 2008, 452(7183): 72-75.

[27] Si L G, Xiong H, Zubairy M S, et al. Optomechanically induced opacity and amplification in a quadratically coupled optomechanical system[J]. Phys. Rev. A, 2017, 95(3): 033803.

[28] Agarwal G S, Huang S. Nanomechanical inverse electromagnetically induced transparency and confinement of light in normal modes[J]. New J. Phys., 2014, 16(3): 033023.

第3章　非线性光力学系统中诱导透明及长寿命慢光研究

3.1　概述

本章考虑存在光学参量放大器(OPA)和两个带电力学振子的混合光力学系统，研究光力诱导透明和群延迟现象。如图3.1所示，由固定镜子A和两个带电的力学振子(MR1和MR2)构成法布里-珀罗腔混合光力学系统，其中法布里-珀罗腔是由固定镜子A和一个带电的力学振子MR1构成的，带电的力学振子MR1通过库仑相互作用与另一个带电力学振子MR2耦合在一起。把光学参量放大器放置在光学腔中，其中光学参量放大器的增益 G 依赖于作用在光学参量放大器上外加控制场的功率，相位 θ 由驱动光学参量放大器的控制场相位决定[1]。此外，用一个强耦合场和一个弱探测场分别作用到光学腔上，通过改变相关参数(两个带电力学振子之间的库仑耦合强度、光学参量放大器的增益及相位、耦合场的功率)，来研究光力诱导透明和群延迟现象。

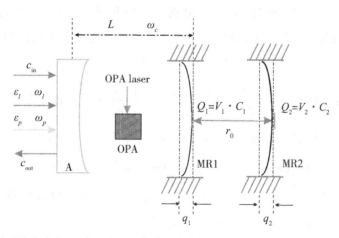

图 3.1　混合光力学系统由法布里-珀罗腔、两个带电力学振子(MR1和MR2)和光学参量放大器(OPA)构成(参数 c_{in} 来自环境的量子噪声，输出光场用 c_{out} 表示。力学振子 MR1、MR2 的平衡位置间距是 r_0，力学振子 MR1、MR2 偏离平衡位置的位移分别是 q_1、q_2)

光力诱导透明类似于电磁感应透明[2]，是研究量子存储器和中继器的重要工具[3]。在光力诱导透明现象中，当一个频率较弱的探测场和一个频率较强的耦合场作用到光学腔上，光力诱导透明已经在理论上[4]和实验上[5]实现。在混合腔光力学系统中，可以考虑含有两个带电的力学振子之间的相互作用，例如 Ma 等研究库仑耦合强度对光力学系统的动力学影响[6]。此外，光学参量放大器也可以放置到腔光力学系统中。例如，Huang 和Agarwal 考虑在法布里-珀罗腔内放置光学参量放大器，在辐射压力作用下可以有效地冷却力学振子[7]。同样，Farman 等从理论上研究相位噪声对含有光学参量放大器混合光力学系统中冷却效应的影响[8]。另外，在光学腔中放置光学参量放大器，且两个带电力学振子之间有库仑耦合作用，Jiang 等研究此混合光力学系统中的多稳态行为[9]。

可调节的慢光在理论上[10]和实验上[11]已经被获得。例如，Chen 等从理论上研究具有玻色-爱因斯坦凝聚体混合光力学系统中的慢光传播，在合适的参数条件下，慢光可以达到 0.8ms[12]。在二能级原子系综存在的混合光力学系统中，Gu 等研究探测光的群延迟，发现随着原子数目的增加，光会变得更慢[13]。此外，Li 等研究具有光学参量放大器的混合光力学系统中的群延迟，可以实现慢光与快光之间的转换开关[14]。

3.2　理论模型

在如图 3.1 所示的混合光力学系统中，法布里-珀罗腔包括一个固定反射镜 A 和两个带电的力学振子(MR1 和 MR2)，两个带电力学振子是通过库仑作用相互耦合的。力学振子 MR1 的电荷是 $Q_1 = V_1 C_1$(此处，V_1、C_1 分别是 MR1 偏置门的电压、电容)，力学振子 MR2 的电荷是 $Q_2 = -V_2 C_2$(此处，V_2、C_2 分别是 MR2 偏置门的电压、电容)。此外，在光学腔中放置光学参量放大器，来增加光学腔场与力学振子之间的非线性耦合。

混合光力学系统的哈密顿量[6,9,14-17]可以表示为

$$H = \hbar \omega_c c^\dagger c + \left(\frac{p_1^2}{2m_1} + \frac{1}{2} m_1 \omega_1^2 q_1^2 \right) + \left(\frac{p_2^2}{2m_2} + \frac{1}{2} m_2 \omega_2^2 q_2^2 \right) -$$
$$\hbar \chi c^\dagger c q_1 + \hbar \lambda q_1 q_2 + i \hbar G_a (e^{i\theta} c^{\dagger 2} e^{-2i\omega_l t} - e^{-i\theta} c^2 e^{2i\omega_l t}) + \qquad (3.1)$$
$$i \hbar \varepsilon_1 (c^\dagger e^{-i\omega_l t} - c e^{i\omega_l t}) + i \hbar \varepsilon_p (c^\dagger e^{-i\omega_p t} - c e^{i\omega_p t})$$

式中，第一项表示光学腔的哈密顿量(频率为 ω_c，产生、湮灭算符分别是 $c^\dagger$、c)；第二项、第三项分别表示带电力学振子 MR1、MR2 的哈密顿量(频率为 ω_1、ω_2，质量为 m_1、m_2，位移为 q_1、q_2，动量为 p_1、p_2)；第四项表示力学振子 MR1 与光学腔之间耦合作用的哈密顿量，其中 $g = \dfrac{\omega_c}{L}$ 表示为耦合强度；第五项表示力学振子 MR1 和力学振子 MR2 之

间的库仑作用的哈密顿量（系数为 $\lambda = \dfrac{C_1 V_1 C_2 V_2}{2\pi \hbar \varepsilon_0 r_0^3}$，其中 r_0 表示力学振子 MR1 和力学振子

MR2 平衡位置的间距，ε_0 是真空介电常数[6,18,19]）；第六项表示光学参量放大器与光学腔之间耦合作用（G_a 表示光学参量放大器的增益，θ 是驱动光学参量放大器光场的相

位[7,8,20]）。此外，用一个强耦合光场（频率为 ω_l，幅值为 $\varepsilon_l = \sqrt{\dfrac{2\kappa P_l}{\hbar \omega_l}}$）和另一个弱探测光

场（频率为 ω_p，幅值为 $\varepsilon_p = \sqrt{\dfrac{2\kappa P_p}{\hbar \omega_p}}$）作用到光学腔中，其中 P_l、P_p 分别表示耦合场、探

测场的功率，κ 是光学腔的衰减率。最后两项 $\mathrm{i}\hbar \varepsilon_l(c^\dagger \mathrm{e}^{-\mathrm{i}\omega_l t} - c\mathrm{e}^{\mathrm{i}\omega_l t})$ 和 $\mathrm{i}\hbar \varepsilon_p(c^\dagger \mathrm{e}^{-\mathrm{i}\omega_p t} - c\mathrm{e}^{\mathrm{i}\omega_p t})$

分别描述强耦合场、弱探测场与光学腔之间相互作用的哈密顿量。在计算中，假设 ε_l 和

ε_p 都是实数。

在旋转表象下，利用幺正变换 $U(t) = \exp[-\mathrm{i}\omega_l(c^\dagger c)t]$ [21,22]对式（3.1）中总哈密顿量

作用，得到系统新的哈密顿量：

$$H^R = U^\dagger(t) H U(t) - \mathrm{i}\hbar U^\dagger(t) \frac{\partial U(t)}{\partial t}$$

$$= \hbar \Delta_c c^\dagger c + \left(\frac{p_1^2}{2m_1} + \frac{1}{2}m_1 \omega_1^2 q_1^2\right) + \left(\frac{p_2^2}{2m_2} + \frac{1}{2}m_2 \omega_2^2 q_2^2\right) -$$

$$\hbar \chi c^\dagger c q_1 + \hbar \lambda q_1 q_2 + \mathrm{i}\hbar G_a(\mathrm{e}^{\mathrm{i}\theta}c^{\dagger 2} - \mathrm{e}^{\mathrm{i}\theta}c^2 + \mathrm{i}\hbar \varepsilon_l(c^\dagger - c) + \mathrm{i}\hbar \varepsilon_p(c^\dagger \mathrm{e}^{-\mathrm{i}\delta t} - c\mathrm{e}^{\mathrm{i}\delta t})$$

$$\tag{3.2}$$

式中，$\Delta_c = \omega_c - \omega_l$ 表示光学腔和耦合场之间的频率失谐量；$\delta = \omega_p - \omega_l$，表示探测场和耦合场之间的频率失谐量。

把衰减项和涨落噪声项引入系统中，得到相关算符的量子朗之万方程[23]：

$$\frac{\mathrm{d}q_1}{\mathrm{d}t} = \frac{p_1}{m_1}$$

$$\frac{\mathrm{d}q_2}{\mathrm{d}t} = \frac{p_2}{m_2}$$

$$\frac{\mathrm{d}p_1}{\mathrm{d}t} = -m_1 \omega_1^2 q_1 - \hbar \lambda q_2 - \gamma_1 p_1 + \sqrt{2\gamma_1}\xi_1(t) + \hbar g c^\dagger c$$

$$\frac{\mathrm{d}p_2}{\mathrm{d}t} = -m_2 \omega_2^2 q_2 - \hbar \lambda q_1 - \gamma_2 p_2 + \sqrt{2\gamma_2}\xi_2(t)$$

$$\frac{\mathrm{d}c}{\mathrm{d}t} = -[\kappa + \mathrm{i}(\Delta_c - g q_1)]c + \varepsilon_l + \varepsilon_p \mathrm{e}^{-\mathrm{i}\delta t} + 2G_a \mathrm{e}^{\mathrm{i}\theta}c^\dagger + \sqrt{2\kappa}\,c_{\mathrm{in}}$$

$$\tag{3.3}$$

式中，κ 表示光学腔的衰减率；γ_1 和 γ_2 分别表示力学振子 MR1 和 MR2 的衰减率；算符 c_{in}、$\xi_1(t)$ 和 $\xi_2(t)$ 是环境量子噪声项，c_{in}、$\xi_1(t)$ 和 $\xi_2(t)$ 的平均值在马尔可夫近似下为零[24,25]。

在平均场近似下，满足 $\langle Qc \rangle = \langle Q \rangle \langle c \rangle$ [26]，c 表示光学腔算符，Q 表示系统中其他算符。在此混合光力学系统中，相关算符平均值运动方程表示为

$$\left\langle \frac{dq_1}{dt} \right\rangle = \frac{\langle p_1 \rangle}{m_1}$$

$$\left\langle \frac{dq_2}{dt} \right\rangle = \frac{\langle p_2 \rangle}{m_2}$$

$$\left\langle \frac{dp_1}{dt} \right\rangle = -m_1 \omega_1^2 \langle q_1 \rangle - \hbar \lambda \langle q_2 \rangle - \gamma_1 \langle p_1 \rangle + \hbar g \langle c^\dagger \rangle \langle c \rangle \qquad (3.4)$$

$$\left\langle \frac{dp_2}{dt} \right\rangle = -m_2 \omega_2^2 \langle q_2 \rangle - \hbar \lambda \langle q_1 \rangle - \gamma_2 \langle p_2 \rangle$$

$$\left\langle \frac{dc}{dt} \right\rangle = -\left[\kappa + i(\Delta_c - gq_1) \right] \langle c \rangle + \varepsilon_l + \varepsilon_p e^{-i\delta t} + 2G_a e^{i\theta} \langle c^\dagger \rangle$$

假设式(3.4)的解有如下形式[27]：

$$\langle q_1 \rangle = q_{1s} + q_{1+} \varepsilon_p e^{-i\delta t} + q_{1-} \varepsilon_p e^{i\delta t}$$

$$\langle q_2 \rangle = q_{2s} + q_{2+} \varepsilon_p e^{-i\delta t} + q_{2-} \varepsilon_p e^{i\delta t}$$

$$\langle p_1 \rangle = p_{1s} + p_{1+} \varepsilon_p e^{-i\delta t} + p_{1-} \varepsilon_p e^{i\delta t} \qquad (3.5)$$

$$\langle p_2 \rangle = p_{2s} + p_{2+} \varepsilon_p e^{-i\delta t} + p_{2-} \varepsilon_p e^{i\delta t}$$

$$\langle c \rangle = c_s + c_+ \varepsilon_p e^{-i\delta t} + c_- \varepsilon_p e^{i\delta t}$$

在这里，每个算符都包含三项：W_s，W_+ 和 W_-（其中 $W \in \{p_1, p_2, q_1, q_2, c\}$）[28]。由于 $W_s \gg W_\pm$，可以把 $W_\pm$ 看作微扰，把式(3.5)代入式(3.4)中，忽略高阶项后，得到混合光力学系统算符的稳态平均值：

$$p_{1s} = 0$$

$$p_{2s} = 0$$

$$q_{1s} = \frac{\hbar gA}{m_1 \omega_1^2 - \dfrac{\hbar^2 \lambda^2}{m_2 \omega_2^2}} \qquad (3.6)$$

$$q_{2s} = -\frac{\hbar \lambda q_{1s}}{m_2 \omega_2^2}$$

$$c_s = \frac{\kappa - i\Delta + 2G_a e^{i\theta}}{\kappa^2 + \Delta^2 - 4G_a^2} \varepsilon_l$$

在式(3.6)中，$\Delta = \Delta_c - gq_{1s}$，$A = c_s c_s^*$（$c_s^*$ 是 c_s 的共轭复数）。进一步地，得到 c_+ 的表达式：

$$c_+ = \frac{Ae^{i\theta}\{iT + B[\kappa - i(\delta + \Delta)]\}}{M} \tag{3.7}$$

其中，M、T 和 B 满足下式：

$$M = Ae^{i\theta}\{-2T\Delta - 4BG_a^2 + B[(\kappa - i\delta)^2 + \Delta^2]\} + 2iTG_a(e^{2i\theta}c_s^{*2} - c_s^2)$$

$$T = \hbar g^2 A m_2(\delta^2 + i\delta\gamma_2 - \omega_2^2) \tag{3.8}$$

$$B = -m_1 m_2(\delta^2 + i\delta\gamma_1 - \omega_1^2)(\delta^2 + i\delta\gamma_2 - \omega_2^2) + \hbar^2\lambda^2$$

根据输入-输出理论[4]得到：

$$\langle c_{out}\rangle + (\varepsilon_l + \varepsilon_p e^{-i\delta t}) = 2\kappa\langle c\rangle \tag{3.9}$$

根据式(3.5)，定义输出光腔场的表达式：

$$\langle c_{out}\rangle = c_{out,s} + c_{out,+}\varepsilon_p e^{-i\delta t} + c_{out,-}\varepsilon_p e^{i\delta t} \tag{3.10}$$

根据式(3.5)、式(3.9)和式(3.10)，得到输出场的表达式：

$$c_{out,+} = 2\kappa c_+ - 1 \tag{3.11}$$

为了方便地观察输出光场，重新定义输出光场的表达式 ε_T：

$$\varepsilon_T = c_{out,+} + 1 = 2\kappa c_+ \tag{3.12}$$

并且计算 ε_T 的实部的表达式 χ_p：

$$\chi_p = \text{Re}\varepsilon_T = \text{Re}(2\kappa c_+) \tag{3.13}$$

式中，χ_p 表示输出光场的吸收特性[4]。

根据式(3.12)，得到输出光场的相位[13,29,30]：

$$\phi(\omega_p) = \arg[\varepsilon_T] = \frac{1}{2i}\ln\left(\frac{\varepsilon_T}{\varepsilon_T^*}\right) \tag{3.14}$$

定义群延迟表达式[5,10,13]为

$$\tau_g = \frac{\partial\phi(\omega_p)}{\partial\omega_p} = \text{Im}\left[\frac{1}{\varepsilon_T}\frac{\partial\varepsilon_T}{\partial\omega_p}\right] \tag{3.15}$$

在物理上，正值群延迟（$\tau_g > 0$）表示出现慢光的传输，而负值群延迟（$\tau_g < 0$）表示出现快光的传输。

接下来，通过改变相关参数，包括库仑耦合强度 λ、驱动光学参量放大器的光场的相位 θ、光学参量放大器的增益 G_a 和耦合场的功率 P_l，来研究光力诱导透明和群延迟现象。

3.3 结果分析与讨论

本节研究光力诱导透明和群延迟现象。利用相关实验的参数[31,36,37]：光学腔的长度

$L = 25\text{mm}$，光学腔的频率 $\omega_c = 1.77 \times 10^{15}\text{Hz}$，光学腔场与力学振子 MR1 之间的耦合强度

是 $g = \dfrac{\omega_c}{L}$，两个力学振子 MR1 和 MR2 的频率分别为 $\omega_1 = \omega_2 = \omega_m = 2\pi \times 947 \times 10^3 \text{Hz}$，两

个力学振子 MR1 和 MR2 的质量分别为 $m_1 = m_2 = 145\text{ng}$，力学振子 MR1 和 MR2 的衰减率

分别为 $\gamma_1 = \gamma_2 = \dfrac{\omega_m}{6700}\text{Hz}$，光学腔的衰减为 $\kappa = 2\pi \times 215 \times 10^3 \text{Hz}$，耦合场波长为 $\lambda_l = $

1064nm，且满足共振条件：$\Delta = \omega_m$。

3.3.1　光力诱导透明的数值分析

利用式(3.13)，通过改变库仑耦合强度 λ，在图 3.2 中绘制探测场的吸收光谱 χ_p。
当 $\lambda = 0\text{Hz/m}^2$ 时，表示两个带电力学振子 MR1 和 MR2 之间没有库仑作用，混合光力学系统简化为典型光力学系统(只有一个相干路径)，吸收光谱显示单个光力诱导透明窗口 dip
(如实线标记)[4]。当 $\lambda = 2.2 \times 10^{37}\text{Hz/m}^2$ 时，由于两个带电力学振子 MR1 和 MR2 之间存在库仑相互作用，利用缀饰力学模式[31]来解释双光力诱导透明(如虚线标记)。此外，当库仑耦合强度增加到 $\lambda = 2.8 \times 10^{37}\text{Hz/m}^2$ 时，发现两个透明窗口 dips 间距也随之增大(如图 3.2 中点虚线段所示)。

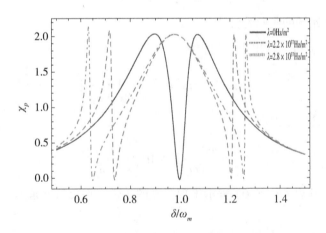

图 3.2　通过改变库仑耦合强度 λ 值，以 δ/ω_m 为横坐标来绘制探测场吸收光谱 χ_p。选择耦合场功率为
$P_l = 2\text{mW}$，驱动光学参量放大器的光场相位为 $\theta = \pi$，光学参量放大器增益为 $G_a = 0.5\kappa$

下面解释库仑耦合强度 λ 决定两个透明窗口 dips 间距的物理原因。首先，利用产生
(湮灭)算符 $b_i^\dagger(b_i)(i = 1, 2)$ 来表示力学振子 $\text{MR}_i(i = 1, 2)$ 的位移算符 q_i 和动量算符
p_i：

$$q_i = \sqrt{\frac{\hbar}{2m_i\omega_i}}(b_i + b_i^\dagger)$$

$$p_i = i\sqrt{\frac{\hbar\, m_i\omega_i}{2}}(b_i^\dagger - b_i)$$

(3.16)

把式(3.16)中的 q_i 和 p_i 代入式(3.2)中，混合光力学系统的哈密顿量重新写为

$$
\begin{aligned}
H^R =& \hbar\Delta_c c^\dagger c + \hbar\omega_1 b_1^\dagger b_1 + \hbar\omega_2 b_2^\dagger b_2 - \hbar g_r c^\dagger c(b_1 + b_1^\dagger) + \hbar\lambda_r(b_1 b_2^\dagger + b_1^\dagger b_2) + \\
& i\hbar G_a(e^{i\theta}c^{\dagger 2} - e^{-i\theta}c^2) + i\hbar\varepsilon_1(c^\dagger - c) + i\hbar\varepsilon_p(c^\dagger e^{-i\delta t} - c e^{i\delta t})
\end{aligned}
$$

(3.17)

式(3.17)中，$g_r = \sqrt{\dfrac{\hbar}{2m_1\omega_1}}$，$\lambda_r = \dfrac{\hbar\lambda}{2}\sqrt{\dfrac{1}{m_1 m_2 \omega_1 \omega_2}}$。假设两个力学振子 MR1 和 MR2 的频率相同，即 $\omega_1 = \omega_2 = \omega_m$，定义力学缀饰模式算符为：$b_- = \dfrac{b_1 - b_2}{\sqrt{2}}$，$b_+ = \dfrac{b_1 + b_2}{\sqrt{2}}$[6,31-35]。将 b_- 和 b_+ 代入式(3.17)中得到新的总哈密顿量：

$$
\begin{aligned}
H^R =& \hbar\Delta_c c^\dagger c + \hbar(\omega_m - \lambda_r)b_-^\dagger b_- + \hbar(\omega_m + \lambda_r)b_+^\dagger b_+ - \frac{1}{\sqrt{2}}\hbar g_r c^\dagger c(b_+ + b_+^\dagger) - \\
& \frac{1}{\sqrt{2}}\hbar g_r c^\dagger c(b_- + b_-^\dagger) + i\hbar G_a(e^{i\theta}c^{\dagger 2} - e^{-i\theta}c^2) + i\hbar\varepsilon_1(c^\dagger - c) + i\hbar\varepsilon_p(c^\dagger e^{-i\delta t} - c e^{i\delta t})
\end{aligned}
$$

(3.18)

当两个力学振子的频率相等（$\omega_1 = \omega_2 = \omega_m$）和库仑耦合强度 $\lambda \neq 0$（或是 $\lambda_r \neq 0$）时，混合光力学系统的有效能级结构图如图 3.3 所示。物理过程说明：对于光子转换过程 $|n, m_1, m_2\rangle \leftrightarrow |n+1, m_1, m_2\rangle$，是由弱的探测场激发的，其中两个力学振子布居数是不变的（m_1, m_2 是不变的）。此外，在 $|n+1, m_1, m_2\rangle \leftrightarrow |n, m_1+1, m_2\rangle$ 过程中，描述的是单声子转换过程，表示吸收一个声子，然后产生一个光子。在 $|n, m_1+1, m_2\rangle \leftrightarrow |n, m_1, m_2+1\rangle$ 转换过程中，是由于两个带电力学振子耦合相互作用引起的。

当两个带电力学振子之间没有库仑耦合作用（$\lambda = 0$）时，此光力学系统只有一个量子相干通道，故产生单光力诱导透明窗口 dip。如果两个带电力学振子之间存在库仑耦合作用，在缀饰力学模式作用下，混合光力学系统会产生两个量子相干通道，出现双光力诱导透明窗口 dips[6,31,38,39]。也就是说，两个带电力学振子间的耦合强度决定两个光力诱导透明窗口 dips 的间距（$2\lambda_r/\omega_m$）。当库仑耦合强度为 $\lambda = 2.2 \times 10^{37}\,\mathrm{Hz/m^2}$（$\lambda = 2.8 \times 10^{37}\,\mathrm{Hz/m^2}$）时，两个光力诱导透明窗口 dip 间距大约是 0.452（0.575）。

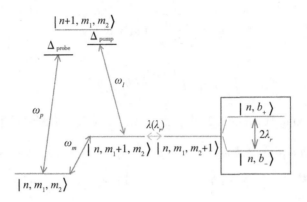

图 3.3　当两个力学振子的频率相等 ($\omega_1 = \omega_2 = \omega_m$) 和库仑耦合强度 $\lambda \neq 0$(或是 $\lambda_r \neq 0$) 时，绘制混合光力学系统的能级图

在图 3.4 中通过改变耦合场的功率 P_l、光学参量放大器的增益 G_a 和驱动光学参量放大器光场的相位 θ，来研究光力诱导透明现象。尽管选取不同的参数 P_l、G_a 和 θ，但是两个光力诱导透明窗口 dips 出现的位置是相同的，因为两个光力诱导透明窗口 dips 间距只由两个带电力学振子之间库仑耦合强度 λ 决定，而与其他参量无关。换句话说，耦合场的功率 P_l、光学参量放大器增益 G_a 和驱动光学参量放大器光场相位 θ 只改变吸收峰位置，而对两个透明窗口 dips 的位置是没有任何影响的。

3.3.2　慢光的数值分析

根据式(3.14)和式(3.15)，研究弱探测场的光学响应，用群延迟 τ_g 来描述。在图 3.5 中，$G_a = 0.5\kappa$，$\theta = \pi$，$P_l = 2\text{mW}$，其他参数选取与图 3.2 中的参数一致，选取不同的库仑耦合强度 λ，来绘制群延迟 τ_g。图 3.5(a)中峰值的横坐标对应于图 3.2 中左侧透明窗口 dip 附近的横坐标，而图 3.5(b)中峰值的横坐标对应于图 3.2 中右侧透明窗口 dip 附近的横坐标。

当库仑耦合强度满足 $\lambda = 2.2 \times 10^{37}\text{Hz/m}^2$ 时，在横坐标为 $\delta/\omega_m \approx 0.737$[图 3.5(a)中实线]和 $\delta/\omega_m \approx 1.204$[图 3.5(b)中实线]附近，群延迟 τ_g 是正值。值得注意的是，横坐标为 $\delta/\omega_m \approx 0.737$ 和 $\delta/\omega_m \approx 1.204$ 分别对应于图 3.2 中左侧和右侧透明窗口 dips 出现的位置。具体地说，当横坐标满足 $\delta/\omega_m \approx 1.204$ 时，群延迟约是 $\tau_g \approx 3.8\text{ms}$。进一步来说，当库仑耦合强度满足 $\lambda = 2.8 \times 10^{37}\text{Hz/m}^2$ 时，横坐标为 $\delta/\omega_m \approx 1.255$(对应于图 3.2 中右侧透明窗口 dip 的附近)，群延迟峰值增加到 $\tau_g \approx 4.7\text{ms}$。在关于慢光效应的文献[14,29,40]，群延迟最大值不超过几毫秒。对比图 3.5(a)和图 3.5(b)，还发现库仑耦合强度的大小能够影响两个诱导透明窗口 dips 附近的群延迟峰间距。具体地说，当库仑耦合强度取 $\lambda = 2.2 \times$

10^{37}Hz/m^2 时，在图 3.5(a)中横坐标为 $\delta/\omega_m \approx 0.738$ 附近的群延迟峰与在图 3.5(b)中横坐标为 $\delta/\omega_m \approx 1.204$ 附近的群延迟峰间距大约是 0.466；而当库仑耦合强度取 $\lambda = 2.8 \times 10^{37}\text{Hz/m}^2$ 时，在图 3.5(a)中横坐标为 $\delta/\omega_m \approx 0.648$ 附近的群延迟峰与在图 3.5(b)中横坐标为 $\delta/\omega_m \approx 1.254$ 附近的群延迟峰间距大约是 0.606。因此，在此混合光力学系统中，通过改变库仑耦合强度 λ，会得到长寿命的慢光，并能够控制两个群延迟峰的间距。

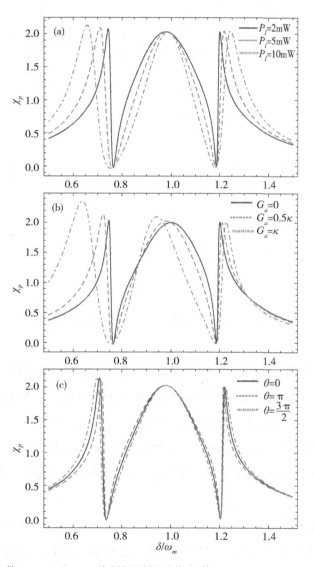

图 3.4 选取不同的参数 P_l，G_a 和 θ，绘制探测场吸收光谱 χ_p [(a)$G_a = 0.5\kappa$，$\theta = \pi$ 和 $\lambda = 2 \times 10^{37}\text{Hz/m}^2$；(b)$P_l = 2\text{mW}$，$\theta = \frac{3\pi}{2}$ 和 $\lambda = 2 \times 10^{37}\text{Hz/m}^2$；(c)$P_l = 2\text{mW}$，$G_a = 0.5\kappa$ 和 $\lambda = 2.2 \times 10^{37}\text{Hz/m}^2$。其余参数的选取与图 3.2 参数是一致的]

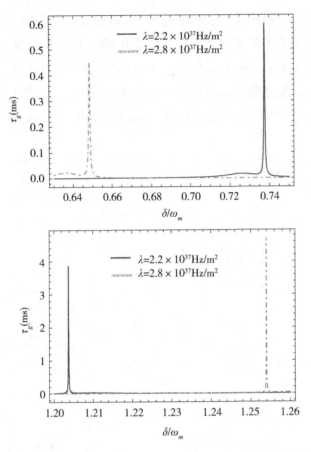

图 3.5　选择不同的库仑耦合强度 λ，以 δ/ω_m 为横坐标来绘制群延迟 τ_g

　　图 3.6 中，改变耦合场的功率 P_l，以 δ/ω_m 为横坐标来绘制群延迟 τ_g。图 3.6(a) 中的横坐标对应于图 3.4(a) 中左侧透明窗口 dip 附近的横坐标，而图 3.6(b) 中的横坐标对应于图 3.4(a) 中右侧透明窗口 dip 附近的横坐标。图 3.6(c) 中的主图对应于图 3.4(a) 中左侧透明窗口 dip 附近群延迟，插图对应于图 3.4(a) 中右侧透明窗口 dip 附近群延迟。参数选取：$G_a = 0.5\kappa$，$\theta = \pi$，$\lambda = 2.2 \times 10^{37} \mathrm{Hz/m^2}$，其他参数的选取与图 3.2 中的参数取值一致。

　　图 3.6 中，当 $P_l = 2\mathrm{mW}$ 时，在横坐标为 $\delta/\omega_m \approx 0.765$ 附近 [对应于图 3.4(a) 中出现左侧透明窗口 dip 附近的横坐标]，群延迟为 $\tau_g = 0.64\mathrm{ms}$ [图 3.6(a) 中实线]，表示出现了慢光传输。图 3.6(a) 中，对比虚线和点虚线可知，随着耦合场的功率 P_l 的增加，群延迟的峰值随之减小。在图 3.6(b) 中，当耦合场的功率为 $P_l = 2\mathrm{mW}$ 时，在横坐标为 $\delta/\omega_m \approx 1.1865$ 附近 [对应于图 3.4(a) 中出现右侧透明窗口 dip 附近的横坐标]，群延迟为负值 [图 3.6(b) 中实线]，表示出现超光速传输。然而，对于耦合场功率 $P_l = 5\mathrm{mW}$ 和 $P_l = 10\mathrm{mW}$，

群延迟为正值，表示出现了慢光传输。因此，通过调节耦合场功率 P_l 的大小，能够实现群延迟在超光速和慢光之间相互转换。此外，在图 3.6(c) 中耦合场功率为 $P_l = 5\text{mW}$ 和 $P_l = 10\text{mW}$，两个群延迟峰值都是正值(对应于慢光传输)且两个峰值明显不同，很容易看出在插图中的群延迟峰值大约是主图群延迟峰值的 3 倍。

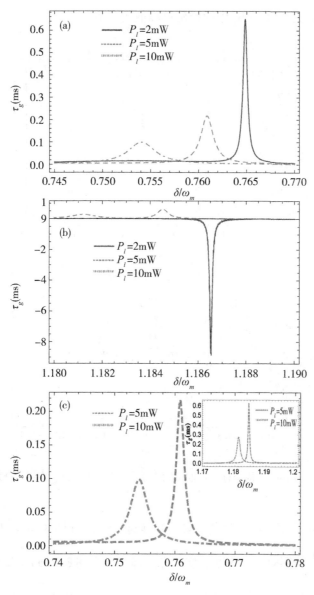

图 3.6　选取不同的耦合场功率 P_l，以 δ/ω_m 为横坐标来绘制群延迟 τ_g

在图 3.7 中，相位保持不变 $\left(\theta = \dfrac{3\pi}{2}\right)$，只改变光学参量放大增益 G_a，来研究群延迟

τ_g。在图 3.7(a)中，$G_a = 0.5\kappa$；在图 3.7(b)中，$G_a = \kappa$。选择 $P_l = 2\text{mW}$，$\theta = \dfrac{3\pi}{2}$，$\lambda = 2 \times 10^{37}\text{Hz/m}^2$，其他参数的取值与图 3.2 中相应参数的取值一致。研究发现，当横坐标处于两个透明窗口 dips 附近位置时，会出现两个正值群延迟峰(在插图中对延迟峰进行放大)。对比图 3.7(a)和图 3.7(b)后发现，G_a 的取值越小，τ_g 的峰值越大。具体来说，图 3.7(a)中的群延迟峰值大约是图 3.7(b)中的群延迟峰值的两倍。

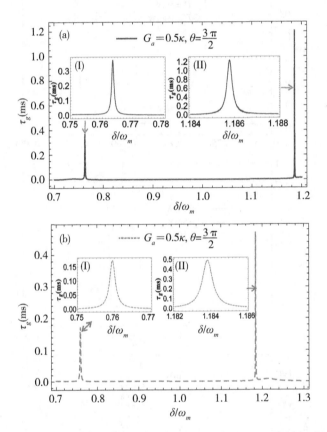

图 3.7　以 δ/ω_m 为横坐标，选取不同光学参量放大增益 G_a 绘制出群延迟 τ_g

在图 3.8 中，选取不同的相位角 θ 来绘制群延迟 τ_g。在图 3.8(a)中不同的相位角 $\theta = 0$、$\theta = \pi$ 和 $\theta = \dfrac{3\pi}{2}$ 分别对应于虚线、实线和点虚线。在图 3.8(a)中横坐标选取对应于图 3.4(c)中左侧透明窗口 dip 附近的横坐标；而在图 3.8(b)中横坐标选取对应于图 3.4(c)中右侧透明窗口 dip 附近的横坐标。参数选取：$P_l = 2\text{mW}$，$G_a = 0.5\kappa$，$\lambda = 2.2 \times 10^{37}\text{Hz/m}^2$，其他参数的取值与图 3.2 中相应参数取值一致。研究发现，群延迟的峰值和峰值横坐标的位置都与相位角的取值有关，当相位角取 $\theta = \pi$ 时，τ_g 取最大值。此外，在

图 3.8(b)中位于右侧透明窗口 dip 附近的群延迟峰值比在图 3.8(a)中位于左侧透明窗口 dip 群延迟的峰值大得多。具体来说，当相位角为 $\theta=\pi$ 时(如实线所示)，在图 3.8(a)位于左侧透明窗口 dip 群延迟的峰值约为 0.6ms，在图 3.8(b)中位于右侧透明窗口 dip 附近群延迟的峰值约为 4ms。

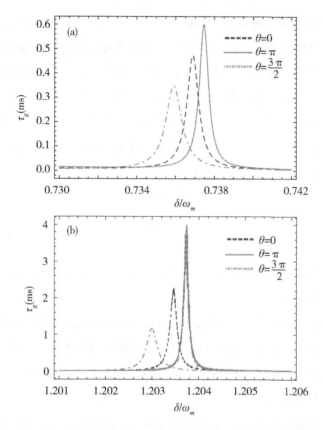

图 3.8　以 δ/ω_m 为横坐标，选取不同相位角 θ 绘制出群延迟 τ_g

3.4　本章小结

在本章中，混合光力学系统包括光学腔、两个带电力学振子和光学参量放大器(OPA)，通过此混合光力学系统研究了光力诱导透明和可调节的慢光效应[41]。首先，研究混合光力学系统中光学诱导透明现象。具体来说，在两个力学振子没有库仑相互作用时，单光力诱导透明窗口 dip 出现。当两个带电力学振子之间存在库仑耦合作用时，双光力诱导透明窗口 dips 出现。随着库仑耦合强度 λ 的增加，两个透明窗口 dips 间距随之增加。此外，当改变耦合场功率 P_l、光学参量放大器(OPA)增益 G_a 和相位角 θ 时，发现两个透明窗口 dips 间距不改变，而吸收光谱峰的位置发生改变。换句话说，两个透明窗口 dips 间距只由库仑耦合强度 λ 决定。

接着，研究了在不同参数条件下的慢光效应。通过选取合适的耦合场功率，能够实现快光和慢光之间的转换。当耦合场的功率不同时，群延迟峰值也不同。此外，库仑耦合强度 λ 能够决定两个光力诱导透明窗口 dips 附近正群延迟峰的间距，通过调制库仑耦合强度 λ，能够获得长寿命的慢光(大约为几微秒)。还发现光学参量放大器的增益 G_a 和相位角 θ 对群延迟的影响，在两个透明窗口 dips 附近获得正的群延迟，而且群延迟峰值依赖非线性参数(即光力参数放大器增益 G_a 和驱动 OPA 外场的相位 θ)。研究发现，在相位 θ 相同的情况下，光学参量放大器的增益 G_a 越小，群延迟 τ_g 的峰值越大。当光学参量放大器增益 $G_a = 0.5\kappa$ 和相位角为 $\theta = \pi$ 时，横坐标在右侧透明窗口 dip 附近群延迟峰值大约是横坐标在左侧透明窗口 dip 附近群延迟峰值的 6 倍。

◎ 本章参考文献

［1］Agarwal G S, Huang S. Strong mechanical squeezing and its detection［J］. Phys. Rev. A, 2016, 93(4): 043844.

［2］Fleischhauer M, Imamoglu A, Marangos J P. Electromagnetically induced transparency: optics in coherent media［J］. Rev. Mod. Phys., 2005, 77(2): 633-673.

［3］Aspelmeyer M, Kippenberg T J, Marquardt F. Cavity optomechanics［J］. Rev. Mod. Phys., 2014, 86(4): 1391-1452.

［4］Agarwal G S, Huang S. Electromagnetically induced transparency in mechanical effects of light［J］. Phy. Rev. A, 2010, 81(4): 041803.

［5］Safavi-Naeini A H, Alegre T P M, Chan J, et al. Electromagnetically induced transparency and slow light with optomechanics［J］. Nature, 2011, 472(7341): 69-73.

［6］Ma P C, Zhang J Q, Xiao Y, et al. Tunable double optomechanically induced transparency in an optomechanical system［J］. Phys. Rev. A, 2014, 90(4): 043825.

［7］Huang S, Agarwal G S. Enhancement of cavity cooling of a micromechanical mirror using parametric interactions［J］. Phys. Rev. A, 2009, 79(1): 013821.

［8］Farman F, Bahrampour A R. Effects of optical parametric amplifier pump phase noise on the cooling of optomechanical resonators［J］. J. Opt. Soc. Am. B, 2013, 30(7): 1898-1904.

［9］Jiang C, Zhai Z Y, Cui Y S, et al. Controllable optical multistability in hybrid optomechanical system assisted by parametric interactions [J]. Sci. China Phys. Mech. Astron., 2017, 60(1): 010311.

[10]Chu S, Wong S. Linear pulse propagation in an absorbing medium[J]. Phys. Rev. Lett., 1982, 48(11): 738-741.

[11]Boyd R W, Gauthier D J. Controlling the Velocity of Light Pulses[J]. Science, 2009, 326 (5956): 1074-1077.

[12]Chen B, Jiang C, Zhu K D. Slow light in a cavity optomechanical system with a Bose-Einstein condensate[J]. Phys. Rev. A, 2011, 83(5): 055803.

[13]Gu K H, Yan X B, Zhang Y, et al. Tunable slow and fast light in an atom-assisted optomechanical system[J]. Opt. Commun., 2015, 338: 569-573.

[14]Li L, Nie W J, Chen A X. Transparency and tunable slow and fast light in a nonlinear optomechanical cavity[J]. Sci. Rep., 2016, 6: 35090.

[15]Motazedifard A, Bemani F, Naderi M H, et al. Force sensing based on coherent quantum noise cancellation in a hybrid optomechanical cavity with squeezed-vacuum injection [J]. New J. Phys., 2016, 18(7): 073040.

[16]Zhan X G, Si L G, Zheng A S, et al. Tunable slow light in a quadratically coupled optomechanical system[J]. J. Phys. B: At. Mol. Opt. Phys., 2013, 46(2): 025501.

[17]Bai C H, Wang D Y, Wang H F, et al. Classical-to-quantum transition behavior between two oscillators separated in space under the action of optomechanical interaction[J]. Sci. Rep., 2017, 7: 2545.

[18]Hensinger W K, Utami D W, Goan H S, et al. Ion trap transducers for quantum electromechanical oscillators[J]. Phys. Rev. A, 2005, 72(4): 041405.

[19]Tian L, Zoller P. Coupled ion-nanomechanical systems [J]. Phys. Rev. Lett., 2004, 93 (26): 266403.

[20]Shahidani S, Naderi M H, Soltanolkotabi M. Control and manipulation of electromagnetically induced transparency in a nonlinear optomechanical system with two movable mirrors[J]. Phys. Rev. A, 2013, 88(5): 053813.

[21]Xiong W, Jin D Y, Qiu Y Y, et al. Cross-Kerr effect on an optomechanical system[J]. Phys. Rev. A, 2016, 93(2): 023844.

[22]Gong Z R, Ian H, Liu Y X, et al. Effective Hamiltonian approach to the Kerr nonlinearity in an optomechanical system[J]. Phys. Rev. A, 2009, 80(6): 065801.

[23]Agarwal G S, Huang S. Optomechanical systems as single-photon routers[J]. Phys. Rev. A,

2012, 85(2): 021801.

[24] Wang H, Gu X, Liu Y X, et al. Optomechanical analog of two-color electromagnetically induced transparency: Photon transmission through an optomechanical device with a two-level system[J]. Phys. Rev. A, 2014, 90(2): 023817.

[25] Genes C, Vitali D, Tombesi P, et al. Ground-state cooling of a micromechanical oscillator: Comparing cold damping and cavity-assisted cooling schemes[J]. Phys. Rev. A, 2008, 77(3): 033804.

[26] Zhang J Q, Li Y, Feng M, et al. Precision measurement of electrical charge with optomechanically induced transparency[J]. Phys. Rev. A, 2012, 86(5): 053806.

[27] Huang S, Agarwal G S. Electromagnetically induced transparency from two phonon processes in quadratically coupled membranes[J]. Phys. Rev. A, 2011, 83(2): 023823.

[28] Walls D F, Milburn G J. Quantum Optics[M]. Berlin: Springer-Verlag, 1994.

[29] Akram M J, Khan M M, Saif F. Tunable fast and slow light in a hybrid optomechanical system[J]. Phys. Rev. A, 2015, 92(2): 023846.

[30] Ma P C, Yan L L, Chen G B, et al. A simple and tunable switch between slow-and fast-light in two signal modes with an optomechanical system[J]. Laser Phys. Lett., 2016, 13(12): 125301.

[31] Yang Q, Hou B P, Lai D G, Local modulation of double optomechanically induced transparency and amplification[J]. Opt. Express, 2017, 25(9): 9697-9711.

[32] Orszag M. Quantum optics[M]. Berlin: Springer-Verlag, 2016.

[33] Sun X J, Chen H, Liu W X, et al. Optical-response properties in an atom-assisted optomechanical system with a mechanical pump[J]. J. Phys. B: At. Mol. Opt. Phys., 2017, 50(10): 105503.

[34] Wang H, Wang Z, Zhang J, et al. Phonon amplification in two coupled cavities containing one mechanical resonator[J]. Phys. Rev. A, 2014, 90(5): 053814.

[35] Grudinin I S, Lee H, Painter O, et al. Phonon laser action in a tunable two-level system[J]. Phys. Rev. Lett., 2010, 104(8): 083901.

[36] Hill J T, Safavi-Naeini A H, Chan J, et al. Coherent optical wavelength conversion via cavity optomechanics[J]. Nat. Commun., 2012, 3: 1196.

[37] Gröblacher S, Hammerer K, Vanner M R, et al. Observation of strong coupling between a micromechanical resonator and an optical cavity field[J]. Nature, 2009, 460(7256): 724-727.

［38］Sedlacek J A, Schwettmann A, Kübler H, et al. Microwave electrometry with Rydberg atoms in a vapour cell using bright atomic resonances［J］. Nat. Phys., 2012, 8(11): 819-824.

［39］Wang Q, Zhang J Q, Ma P C, et al. Precision measurement of the environmental temperature by tunable double optomechanically induced transparency with a squeezed field ［J］. Phys. Rev. A, 2015, 91(6): 063827.

［40］Jiang C, Jiang L, Yu H, et al. Fano resonance and slow light in hybrid optomechanics mediated by a two-level system［J］. Phys. Rev. A, 2017, 96(5): 053821.

［41］He Q, Badshah F, Din R U, et al. Optomechanically induced transparency and the long-lived slow light in a nonlinear system［J］. J. Opt. Soc. Am. B, 2018, 35(7): 1649-1657.

第 4 章　辅助三能级原子系综的多模平方耦合光力学系统诱导透明

4.1　概述

当力学振子放置到光学腔中，力学振子与光学腔间的耦合强度依赖于力学振子在光学腔中的位置[1-3]，力学振子与光学腔之间耦合作用可以是线性耦合，也可以是平方耦合。Thompson 等[1]研究了在力学振子位于光腔模式的波腹(或者波节)时光腔频率的极值。Bhattacharya 等[3]研究了力学振子的位置不同导致辐射压力不同，对光腔场模式有重要影响。当光学腔中放置两个力学振子，Jiang 等[4]研究两个不同频率的力学振子与光学腔发生线性耦合时，会出现双光力诱导吸收现象。此外，Huang 等[2]在平方耦合的光力学系统中研究光力诱导透明现象，发现力学振子的位移涨落对光力诱导透明有重要作用。Xiao 等[5]研究了光力学系统中的双诱导透明现象，其中多个力学振子与光学腔都是平方耦合的，而且平方耦合强度是由力学振子在光学腔中的位置决定的。

在光学腔中放入三能级原子系综，也是混合光力学系统一个重要的研究领域[6-11]。例如，Ian 等[7]研究了含有二能级原子系综的光力学系统，发现被原子缀饰的光场能有效地提高作用到力学振子上的辐射压力。Xiao 等[10]发现通过调制光场与二能级原子之间的耦合强度，能够改变两个透明窗口 dips 间距。Sun 等[8]研究了辅助 Λ-型三能级原子系综的混合光力学系统，发现驱动力学振子的光场相位能够改变输出光场，在合适的参数条件下，可以实现从光力诱导透明到光力诱导放大(或者吸收)的转换。Chang 等[6]发现力学振子的不同稳态显著地改变 Λ-型三能级原子的光力诱导透明现象。此外，在辅助 Λ-型三能级原子光力学系统中，力学振子与光学腔之间是平方耦合的，Wei 等[9]研究了多个透明窗口 dips 现象。

本章将研究由两个力学薄膜(MR1 和 MR2)和 N 个相同的 Λ-型三能级原子构成的混合光力学系统[12]，其中两个力学薄膜与光学腔之间是平方耦合的，Λ-型三能级原子系综分别与外加控制场和光学腔场相互作用，一个弱探测场和一个强耦合场分别作用到光学腔场上。通过改变相关参数(即两个力学薄膜与光学腔之间的平方耦合强度、三能级原子系综与光学腔场之间的集体耦合强度、控制场与三能级原子之间的拉比频率、耦合场的功率），来研究多个光力诱导窗口 dips。进一步地，也研究在斯托克斯频率（或者反斯托克斯频率）下的输出功率。

4.2　理论模型

本章研究的混合光力学系统如图 4.1 所示，光学腔（长度为 L，频率为 ω_c）包含两个固定的镜子（A 和 B），左侧的镜子 A 是部分透射，右侧的镜子 B 是完全反射。有 N 个 Λ-型三能级原子和两个力学振子（MR1 和 MR2）放置在光学腔中，注意两个力学振子与光学腔之间相互作用是平方耦合，而不是线性耦合。在这里，每一个力学振子的尺寸（1mm×1mm×50nm）比光腔的尺寸小得多[1]。用一个强的耦合场（频率为 ω_l，幅值为 $\varepsilon_l = \sqrt{\dfrac{2\kappa P_l}{\hbar \omega_l}}$）和一个弱的探测场（频率为 ω_p，幅值为 $\varepsilon_p = \sqrt{\dfrac{2\kappa P_p}{\hbar \omega_p}}$）来驱动光学腔场，其中 $P_l(P_p)$ 表示耦合场（探测场）的功率，κ 是光学腔场的衰减率。参数 c_{in} 是来自环境的量子噪声，参数 c_{out} 表示输出光场。一个控制场（频率为 ν 和拉比频率为 Ω）作用到 Λ-型三能级原子上。此外，$\Delta_1 = \omega_{ab} - \omega_c$ 表示三能级冷原子的转变频率 ω_{ab} 与光腔场的频率 ω_c 之间的失谐量，$\Delta_2 = \omega_{ac} - \nu$ 表示三能级冷原子转变频率 ω_{ac} 与控制场的频率 ν 之间的失谐量。

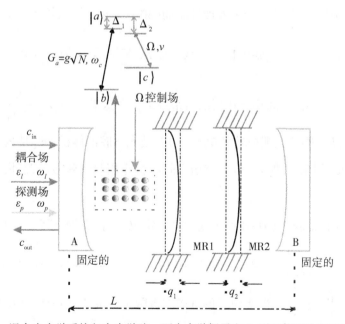

图 4.1　混合光力学系统包含光学腔、两个力学振子和 Λ-型三能级冷原子系综[12]

假设力学振子 MR1 和 MR2 与三能级原子之间是没有相互作用的，混合光力学系统的总哈密顿量[7-9]表示为

$$H = \hbar \omega_c c^\dagger c + \hbar g_1 c^\dagger c q_1^2 + \left(\frac{p_1^2}{2m_1} + \frac{1}{2} m_1 \omega_1^2 q_1^2 \right) + \hbar g_2 c^\dagger c q_2^2 +$$

$$\left(\frac{p_2^2}{2m_2} + \frac{1}{2} m_2 \omega_2^2 q_2^2 \right) + \hbar \sum_{i=1}^{N} (\omega_{ab} \sigma_{aa}^i + \omega_{cb} \sigma_{cc}^i) + \hbar \Omega \sum_{i=1}^{N} (e^{-i\nu t} \sigma_{ac}^i + e^{i\nu t} \sigma_{ca}^i) +$$

$$\hbar g \sum_{i=1}^{N} (c \sigma_{ab}^i + c^\dagger \sigma_{ba}^i) + i \hbar \varepsilon_l (c^\dagger e^{-i\omega_l t} - c e^{i\omega_l t}) + i \hbar \varepsilon_p (c^\dagger e^{-i\omega_p t} - c e^{i\omega_p t}) \qquad (4.1)$$

在式(4.1)中，第一项 $\hbar \omega_c c^\dagger c$ 表示光学腔的哈密顿量(光腔场的频率为 ω_c，光腔场的湮灭、产生算符分别是 c、$c^\dagger$)。第三(五)项 $\frac{p_1^2}{2m_1} + \frac{1}{2} m_1 \omega_1^2 q_1^2 \left(\frac{p_2^2}{2m_2} + \frac{1}{2} m_2 \omega_2^2 q_2^2 \right)$ 分别表示两个力学振子的哈密顿量，其中力学振子频率为 $\omega_1(\omega_2)$，质量为 $m_1(m_2)$，位移为 $q_1(q_2)$，动量为 $p_1(p_2)$。第二(四)项 $\hbar g_1 c^\dagger c q_1^2 (\hbar g_2 c^\dagger c q_2^2)$ 分别表示力学振子 MR1(MR2) 与光学腔场之间平方耦合的哈密顿量，其中 $g_1(g_2)$ 分别表示力学振子 MR1(MR2) 与光学腔平方耦合强度[2]。第六项 $\hbar \sum_{i=1}^{N} (\omega_{ab} \sigma_{aa}^i + \omega_{cb} \sigma_{cc}^i)$ 表示 N 个 Λ-型三能级原子自由哈密顿量[其中第 i 个原子算符为 $\sigma_{\alpha\alpha}^i = |\alpha\rangle_{ii}\langle\alpha| (\alpha = a, c)$]，在这里假设基态 $|b\rangle_i$ 是能量的参考点，$\omega_{ab}(\omega_{cb})$ 分别表示第 i 个原子中 $|a\rangle_i$ 和 $|b\rangle_i (|c\rangle_i$ 和 $|b\rangle_i)$ 能级转换频率[7]。第七项 $\hbar \Omega \sum_{i=1}^{N} (e^{-i\nu t} \sigma_{ac}^i + e^{i\nu t} \sigma_{ca}^i)$ 表示外加控制场(频率为 ν，拉比频率为 Ω) 作用到三能级原子能级 $|a\rangle_i$ 和 $|c\rangle_i$ 之间的哈密顿量。第八项 $\hbar g \sum_{i=1}^{N} (c \sigma_{ab}^i + c^\dagger \sigma_{ba}^i)$ 描述光学腔场与三能级原子能级 $|a\rangle_i$ 和 $|b\rangle_i$ 之间相互作用的哈密顿量，在这里 $g = -\mu \sqrt{\frac{\omega_c}{2V\varepsilon_0}}$，其中 μ 是在能级 $|a\rangle_i$ 和能级 $|b\rangle_i$ 间的电偶极转换矩阵元，V 是光学腔的体积，ε_0 是真空介电常数。最后两项分别描绘驱动场(探测场)与光腔场之间耦合作用哈密顿量。此外，假设 Ω、g、ε_l 和 ε_p 是实数。

利用 Holstein-Primakoff (H-P) 变换[6,14]，定义三能级原子系综的集体算符：$A = \lim_{N\to\infty} \frac{1}{\sqrt{N}} \sum_{i=1}^{N} \sigma_{ba}^i$, $C = \lim_{N\to\infty} \frac{1}{\sqrt{N}} \sum_{i=1}^{N} \sigma_{bc}^i$, 算符 $A(C)$ 和 $A^\dagger(C^\dagger)$ 满足对易关系：$[A, A^\dagger] = 1([C, C^\dagger] = 1)$[14-16]。在三能级原子的低激发极限下，$\langle A^\dagger A \rangle/N \ll 1(\langle C^\dagger C \rangle/N \ll 1)$，忽略高阶项，用集体算符 A 和 C 来简化式(4.1)中的哈密顿量：

$$H = \hbar\,\omega_c c^\dagger c + \hbar\,g_1 c^\dagger c q_1^2 + \left(\frac{p_1^2}{2m_1} + \frac{1}{2}m_1\omega_1^2 q_1^2\right) + \hbar\,g_2 c^\dagger c q_2^2 + \left(\frac{p_2^2}{2m_2} + \frac{1}{2}m_2\omega_2^2 q_2^2\right) +$$

$$\hbar(\omega_{ab}A^\dagger A + \omega_{cb}C^\dagger C) + \hbar\,\Omega(e^{-i\nu t}A^\dagger C + e^{i\nu t}C^\dagger A) + \hbar\,g\sqrt{N}(cA^\dagger + c^\dagger A) +$$

$$i\hbar\,\varepsilon_l(c^\dagger e^{-i\omega_l t} - c e^{i\omega_l t}) + i\hbar\,\varepsilon_p(c^\dagger e^{-i\omega_p t} - c e^{i\omega_p t}) \tag{4.2}$$

在旋转表象下，对式(4.2)中总哈密顿量施加幺正变换：$U(t) = \exp[-i\omega_l(c^\dagger c + A^\dagger A)t - i(\omega_l - \nu)(C^\dagger C)t]$ [14,15]，得到混合系统新的哈密顿量：

$$H^R = U^\dagger(t)HU(t) - i\hbar\,U^\dagger(t)\left(\frac{\partial U(t)}{\partial t}\right)$$

$$= \hbar\,\Delta_c c^\dagger c + \hbar\,g_1 c^\dagger c q_1^2 + \left(\frac{p_1^2}{2m_1} + \frac{1}{2}m_1\omega_1^2 q_1^2\right) + \hbar\,g_2 c^\dagger c q_2^2 + \left(\frac{p_2^2}{2m_2} + \frac{1}{2}m_2\omega_2^2 q_2^2\right) +$$

$$\hbar(\Delta_{ab}A^\dagger A + \Delta_{cb}C^\dagger C) + \hbar\,\Omega(A^\dagger C + C^\dagger A) + \hbar\,g\sqrt{N}(cA^\dagger + c^\dagger A) +$$

$$i\hbar\,\varepsilon_l(c^\dagger - c) + i\hbar\,\varepsilon_p(c^\dagger e^{-i\delta t} - c e^{i\delta t}) \tag{4.3}$$

式(4.3)中，$\Delta_c = \omega_c - \omega_l$ 是光学腔频率 ω_c 与耦合场频率 ω_l 之间的失谐量，$\delta = \omega_p - \omega_l$ 是探测场频率为 ω_p 与耦合场频率为 ω_l 之间的失谐量，$\Delta_{ab} = \omega_{ab} - \omega_l$ 是三能级原子的转换频率 ω_{ab} 与耦合场的频率 ω_l 之间的失谐量，$\Delta_{cb} = \omega_{cb} - \omega_l + \nu$ 是三能级原子转换频率 ω_{cb}、耦合场频率 ω_l 与外加控制场频率 ν 之间的失谐量。

引入衰减项和环境涨落的噪声项，得到相关算符的量子朗之万方程[17]：

$$\frac{dq_j}{dt} = \frac{p_j}{m_j}$$

$$\frac{dp_j}{dt} = -m_j\omega_j^2 q_j - \gamma_j p_j + \sqrt{2\gamma_j}\,\xi_j(t) - 2\hbar\,g_j c^\dagger c q_j$$

$$\frac{dc}{dt} = -[\kappa + i(\Delta_c + g_1 q_1^2 + g_2 q_2^2)]c + \varepsilon_l + \varepsilon_p e^{-i\delta t} - iG_a A + \sqrt{2\kappa}\,c_{in}(t) \tag{4.4}$$

$$\frac{dA}{dt} = -(\gamma_{ba} + i\Delta_{ab})A - i\Omega C - iG_a c + \sqrt{\gamma_{ba}}\,A_{in}(t)$$

$$\frac{dC}{dt} = -(\gamma_{bc} + i\Delta_{cb})C - i\Omega A + \sqrt{\gamma_{bc}}\,C_{in}(t), \quad (j = 1, 2)$$

式(4.4)中，p_j、q_j、m_j、ω_j 和 $\gamma_j(j = 1, 2)$ 分别表示两个力学振子(MR1和MR2)的动量、位移、质量、频率和衰减率；光学腔场和三能级原子系综之间集体耦合强度为 $G_a = \frac{g}{\sqrt{N}}$；κ 是光学腔场衰减率；$\gamma_{ba}(\gamma_{bc})$ 分别表示三能级原子能级间转换 $|b\rangle \leftrightarrow |a\rangle(|b\rangle \leftrightarrow |c\rangle)$ 的衰减率；算符 $c_{in}(t)$ 和 $\xi_j(t)$，$(j = 1, 2)$ 是来自环境的量子噪声，$A_{in}(t)$ 和 $C_{in}(t)$ 是三能级原子系综的输入真空噪声。在马尔可夫近似下，噪声项 $c_{in}(t)$、$\xi_j(t)$、$A_{in}(t)$ 和 $C_{in}(t)$ 的

平均值都是零[18,19]。

在平均场近似下，$\langle Qc \rangle = \langle Q \rangle \langle c \rangle$ [20]，Q 表示其他算符，得到相关算符运动方程平均值为

$$\left\langle \frac{dq_j}{dt} \right\rangle = \frac{\langle p_j \rangle}{m_j}$$

$$\left\langle \frac{dp_j}{dt} \right\rangle = -m_j \omega_j^2 \langle q_j \rangle - \gamma_j \langle p_j \rangle - 2\hbar g_j \langle c^\dagger \rangle \langle c \rangle \langle q_j \rangle$$

$$\left\langle \frac{dc}{dt} \right\rangle = -[\kappa + i(\Delta_c + g_1 \langle q_1^2 \rangle + g_2 \langle q_2^2 \rangle)]\langle c \rangle + \varepsilon_l + \varepsilon_p e^{-i\delta t} - iG_a \langle A \rangle \qquad (4.5)$$

$$\left\langle \frac{dA}{dt} \right\rangle = -(\gamma_{ba} + i\Delta_{ab})\langle A \rangle - i\Omega \langle C \rangle - iG_a \langle c \rangle$$

$$\left\langle \frac{dC}{dt} \right\rangle = -(\gamma_{bc} + i\Delta_{cb})\langle C \rangle - i\Omega \langle A \rangle, \qquad (j = 1, 2)$$

为求解式(4.5)，需要计算下列方程：

$$\left\langle \frac{dq_j^2}{dt} \right\rangle = \frac{\langle p_j q_j + q_j p_j \rangle}{m_j}$$

$$\left\langle \frac{dp_j^2}{dt} \right\rangle = -m_j \omega_j^2 \langle p_j q_j + q_j p_j \rangle - 2\gamma_j \langle p_j^2 \rangle - 2\hbar g_j \langle c^\dagger \rangle \langle c \rangle \langle p_j q_j + q_j p_j \rangle + 2\gamma_j(1 + n_j)\frac{\hbar m_j \omega_j}{2}$$

$$\left\langle \frac{d(p_j q_j + q_j p_j)}{dt} \right\rangle = \frac{2\langle p_j^2 \rangle}{m_j} - 2m_j \omega_j^2 \langle q_j^2 \rangle - 4\hbar g_j \langle c^\dagger \rangle \langle c \rangle \langle q_j^2 \rangle - \gamma_j \langle p_j q_j + q_j p_j \rangle, \quad (j = 1, 2)$$

$$(4.6)$$

在式(4.6)中，$n_j = (e^{\frac{\hbar \omega_j}{k_B T}} - 1)^{-1}$，$(j = 1, 2)$ 是第 j 个力学振子在温度 T 时的平均声子数，k_B 是玻尔兹曼常数。为了便于表示，定义算符 $X_j = q_j^2$、$Y_j = p_j^2$ 和 $Z_j = p_j q_j + q_j p_j$，$(j = 1, 2)$。假设式(4.5)、式(4.6)的解有以下形式[21]：

$$\langle W \rangle = W_s + W_+ \varepsilon_p e^{-i\delta t} + W_- \varepsilon_p e^{i\delta t} \qquad (4.7)$$

在这里，每一个算符包含三项：W_s、W_+ 和 W_-（$W \in \{p_j, q_j, X_j, Y_j, Z_j, c, A, C\}$），$(j = 1, 2)$。当满足 $W_s \gg W_\pm$，求解式(4.5)、式(4.6)时把 $W_\pm$ 作为微扰，把式(4.7)代入式(4.5)、式(4.6)中，忽略高阶项，求出相关算符的稳态平均值：

$$Y_{j,s} = \frac{(1 + 2n_j)\hbar m_j \omega_j}{2}$$

$$X_{j,s} = \frac{Y_{j,s}}{m_j(m_j \omega_j^2 + 2\hbar g_j c_s c_s^*)} \qquad (4.8)$$

$$c_s = \frac{\varepsilon_l}{\kappa + i\Delta + \dfrac{G_a^2 M}{FM + \Omega^2}}, \qquad (j = 1, 2)$$

式(4.8)中，c_s^* 是对 c_s 进行共轭运算，其中 Δ、F 和 M 满足下式：

$$\Delta = \Delta_c + g_1 q_1^2 + g_2 q_2^2$$
$$F = \gamma_{ba} + \mathrm{i}\Delta_{ab} \qquad (4.9)$$
$$M = \gamma_{bc} + \mathrm{i}\Delta_{cb}$$

利用式(4.5)~式(4.7)，求出 c_- 和 c_+ 的表达式：

$$c_- = \frac{K^* c_s^2}{\eta^* - K^* c_s c_s^*} c_+^*$$

$$c_+ = \frac{\eta + K c_s c_s^*}{(\eta - K c_s c_s^*)(\xi + K c_s c_s^*) + K^2 c_s c_s^*} \qquad (4.10)$$

式(4.10)中，c_+^* 是对 c_+ 进行共轭运算，其中 L、T、η、ξ 和 K 满足下式：

$$L = \frac{M^* - \mathrm{i}\delta}{(M^* - \mathrm{i}\delta)(F^* - \mathrm{i}\delta) + \Omega^2}$$

$$T = \frac{M - \mathrm{i}\delta}{(M - \mathrm{i}\delta)(F - \mathrm{i}\delta) + \Omega^2}$$

$$\eta = \kappa - \mathrm{i}(\delta + \Delta) + G_a^2 L \qquad (4.11)$$

$$\xi = \kappa - \mathrm{i}(\delta - \Delta) + G_a^2 T$$

$$K = \sum_{j=1,\,2} \frac{4\hbar g_j \beta_j (\delta + 2\mathrm{i}\gamma_j)}{m_j s_j W_j}, \qquad (j = 1,\,2)$$

其他参数 α_j、β_j、s_j 和 W_j 满足下式：

$$\alpha_j = \frac{\hbar g_j c_s c_s^*}{m_j \omega_j^2}$$

$$\beta_j = g_j X_{j,\,s} \qquad (4.12)$$

$$s_j = \gamma_j - \mathrm{i}\delta$$

$$W_j = \delta^2 - 4\omega_j^2 - 8\omega_j^2 \alpha_j + 2\mathrm{i}\gamma_j \delta, \qquad (j = 1,\,2)$$

在辅助三能级原子系综多模平方耦合的混合光力学系统中，研究其输出光场性质。根据输入-输出理论[22]，$\langle c_{\mathrm{out}} \rangle + \dfrac{\varepsilon_l}{\sqrt{2\kappa}} + \dfrac{\varepsilon_p \mathrm{e}^{-\mathrm{i}\delta t}}{\sqrt{2\kappa}} = \sqrt{2\kappa}\,\langle c \rangle$，假设 $\langle c_{\mathrm{out}} \rangle = c_{\mathrm{out},\,s} + c_{\mathrm{out},\,+} \varepsilon_p \mathrm{e}^{-\mathrm{i}\delta t} + c_{\mathrm{out},\,-} \varepsilon_p \mathrm{e}^{\mathrm{i}\delta t}$，并利用式(4.7)得到 $\langle c \rangle = c_s + c_+ \varepsilon_p \mathrm{e}^{-\mathrm{i}\delta t} + c_- \varepsilon_p \mathrm{e}^{\mathrm{i}\delta t}$，求出 $\langle c_{\mathrm{out}} \rangle$ 中的相关参数：

$$c_{\mathrm{out},\,s} = \sqrt{2\kappa}\, c_s - \frac{\varepsilon_l}{\sqrt{2\kappa}}$$

$$c_{\mathrm{out},\,+} = \sqrt{2\kappa}\, c_+ - \frac{1}{\sqrt{2\kappa}} \qquad (4.13)$$

$$c_{\mathrm{out},\,-} = \sqrt{2\kappa}\, c_-$$

式中，c_s、c_+ 和 c_- 的表达式已分别在式(4.8)和式(4.10)中给出；输出光场项 $c_{\text{out},s}\,\mathrm{e}^{-\mathrm{i}\omega_l t}$ 对应于频率为 ω_l 的输出响应；$c_{\text{out},+}\,\mathrm{e}^{-\mathrm{i}\omega_p t}$ 表示斯托克斯频率 ω_p 的输出响应；$c_{\text{out},-}\,\mathrm{e}^{-\mathrm{i}\omega_p t}$ 表示反斯托克斯频率 $2\omega_l - \omega_p$ 的输出响应[2,23]。

为了更好地研究输出光场，重新定义输出光场的表达式 ε_T：

$$\varepsilon_T = \sqrt{2\kappa}\,c_{\text{out},+} + 1 = 2\kappa c_+ \tag{4.14}$$

计算输出光场 ε_T 的实部 χ_p 和虚部 μ_p：

$$\begin{aligned} \chi_p &= \mathrm{Re}\big[\varepsilon_T\big] = \mathrm{Re}\big[2\kappa c_+\big] \\ \mu_p &= \mathrm{Im}\big[\varepsilon_T\big] = \mathrm{Im}\big[2\kappa c_+\big] \end{aligned} \tag{4.15}$$

式中，实部 χ_p 和虚部 μ_p 分别表示输出光场的吸收性质和色散性质[20]。

下面研究产生斯托克斯场和反斯托克斯场时的正交模式劈裂。以输入斯托克斯功率为单位，产生斯托克斯频率 ω_p 下输出功率[2,23-25]为：

$$G_s = \frac{\hbar\,\omega_p\,|\varepsilon_p c_{\text{out},+}|^2}{P_p} = |2\kappa c_+ - 1|^2 \tag{4.16}$$

类似地，以输入斯托克斯功率为单位，产生反斯托克斯频率 $2\omega_l - \omega_p$ 下的输出功率[2,23~25]为

$$G_{as} = \frac{\hbar(2\omega_l - \omega_p)\,|\varepsilon_p c_{\text{out},-}|^2}{P_p} = |2\kappa c_-|^2 \tag{4.17}$$

通过改变两个力学振子 MR1(MR2)和光学腔之间的平方耦合强度 $g_1(g_2)$、光学腔场和三能级原子系综之间集体耦合强度 G_a、外加控制场与三能级原子的耦合作用的拉比频率 Ω、耦合场的功率 P_l，研究混合光力学系统中的光力诱导透明现象。在以输入斯托克斯功率为单位，讨论产生斯托克斯频率 ω_p [或者反斯托克斯频率 $(2\omega_l - \omega_p)$] 的输出功率。

4.3　结果分析与讨论

在辅助三能级原子系综多模平方耦合的混合光力学系统中，讨论新奇的多个透明窗口 dips 现象。采用以下实验的参数[2,5,7,9]：光学腔的长度是 $L = 6.7\mathrm{cm}$，两个力学振子 MR1 和 MR2 的质量是 $m_1 = m_2 = 1\mathrm{ng}$，两个力学振子 MR1 和 MR2 的衰减率是 $\gamma_1 = \gamma_2 = 20\mathrm{Hz}$，光学腔的衰减率是 $\kappa = 2\pi \times 10^4\mathrm{Hz}$，三能级原子不同能级之间的转换衰减率为 $\gamma_{ba} = \gamma_{bc} = 20 \times 10^3\mathrm{Hz}$，耦合场的波长为 $\lambda_l = 532\mathrm{nm}$ 和温度为 $T = 90\mathrm{K}$。两个力学振子 MR1 和 MR2 的频率是 $\omega_1 = \omega_2 = \omega_m$，假设 $\omega_m \gg \kappa$，$\Delta = 2\omega_m$ 和 $\Delta_{ab} = \Delta_{cb} = 2\omega_m$。

下面讨论力学振子和光学腔之间耦合强度 g 的取值问题。当力学振子位于光学腔内强

度极大值，力学振子和光学腔之间的平方耦合强度是负值（$g < 0$）；反之，当力学振子位于光学腔内强度极小值，力学振子和光学腔之间的平方耦合系数是正值（$g > 0$）[3,13,26,27]。根据式(4.15)，改变力学振子和光学腔之间耦合强度 g_1 和 g_2，在图 4.2 中绘制出输出场的吸收光谱 χ_p 和色散光谱 μ_p。参数的选取如下：两个力学振子 MR1 和 MR2 的频率是 $\omega_1 = \omega_2 = 1.2\pi \times 10^5 \text{Hz}$，光学腔场和三能级原子系综之间相互作用的集体耦合强度为 $G_a = 1.2\pi \times 10^5 \text{Hz}$，控制场和三能级原子之间相互作用的拉比频率为 $\Omega = \pi \times 10^5 \text{Hz}$，耦合场的功率 $P_l = 90\mu\text{W}$，两个力学振子的衰减率为 $\gamma_1 = \gamma_2 = \gamma_m = 20\text{Hz}$，光学腔的衰减率为 $\kappa = 2\pi \times 10^4 \text{Hz}$，环境的温度为 $T = 90\text{K}$。（提示：从图 4.2 到图 4.7，实线对应于输出场吸收光谱 χ_p，虚线对应于输出场色散光谱 μ_p。）

在辅助三能级原子系综多模平方耦合混合光力学系统中，一个非常有趣的现象是出现了 4 个透明窗口 dips。在图 4.2 中，当平方耦合强度 g_1 和 g_2 取不同的值时，最左侧和最右侧的透明窗口 dips 位置是不变的，而中间两个透明窗口 dips 的位置改变。这是由于力学振子和光学腔的平方耦合强度主要决定两个中间透明窗口 dips 的位置。具体地说，在图 4.2(a)中，由于 $g_1 = 0.95g$ 和 $g_2 = 0.9g$ 都是正值，故两个中间透明窗口 dips 的位置都在 $\delta/\omega_m = 2$ 的右侧[如图 4.2(a)插图所示]。反之，在图 4.2(b)中，由于 $g_1 = -0.95g$ 和 $g_2 = -0.9g$ 都是负值，两个中间透明窗口 dips 的位置都在 $\delta/\omega_m = 2$ 的左侧。在图 4.2(c)中，由于 $g_1 = g$ 为正，一个透明窗口 dip 位置出现在 $\delta/\omega_m = 2$ 的右侧；由于 $g_2 = -0.5g$ 为负，故另一个透明窗口 dip 位置出现在 $\delta/\omega_m = 2$ 的左侧。进一步分析，在图 4.2(d)中（$g_1 = g$ 和 $g_2 = -g$），与图 4.2(c)中间两个透明窗口 dips 相比较，在 $\delta/\omega_m = 2$ 左侧的透明窗口 dip 向左侧移动，而在 $\delta/\omega_m = 2$ 右侧的透明窗口 dip 位置几乎不变，故图 4.2(d)中间两个透明窗口 dips 的间距变得更宽。

下面解释产生 4 个透明窗口 dips 的物理原因。在图 4.2 中，最左侧和最右侧的两个透明诱导窗口 dips，是由于三能级原子和光学腔场（或者控制场）之间的耦合作用产生的缀饰态，即原子相干作用产生电磁感应透明（EIT）[21,28-30]。类似地，由于两个力学振子与光腔场平方耦合作用，力学振子的位移涨落产生类似 EIT 的透明窗口[2,5,20]，即由于两个力学振子与光学腔的平方耦合作用形成力学缀饰模式，产生中间的两个透明窗口 dips。由于三能级原子系综、光学腔场和两个力学振子之间存在相互耦合作用，故力学振子与光学腔的平方耦合作用对最左侧（最右侧）的透明窗口 dip 的位置也有一定的影响，类似地，原子相干作用对中间的两个透明窗口 dips 的位置也有一定影响。当平方耦合强度 g_1 和 g_2 改变时，影响力学振子的位移涨落，只改变中间两个透明窗口 dips 的位置，不改变原子相干作用，故最左侧和最右侧的透明窗口 dips 的位置是不变的。

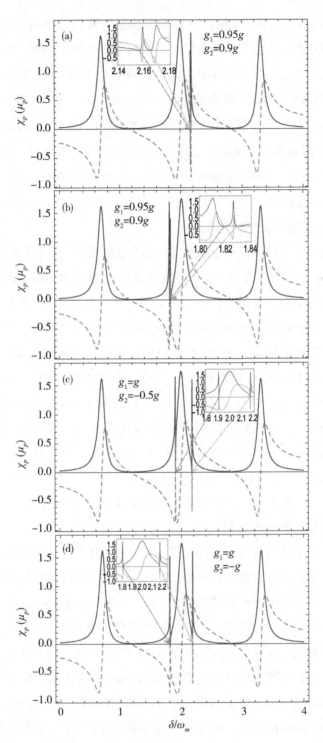

图 4.2　以 δ/ω_m 为横坐标，通过改变平方耦合强度 g_1 和 g_2（$g = 2\pi \times 1.8 \times 10^{23}\,\mathrm{Hz/m^2}$），分别绘制输出场吸收光谱 χ_p（实线）和色散光谱 μ_p（虚线）

在图 4.3 中，选取不同的 g_1、g_2、G_a 和 Ω 来讨论光力诱导透明现象。当光力学系统中不存在三能级原子系综，只有两个力学振子在光学腔中时，由于只有平方耦合作用，在图 4.3(a) 中只观察到 2 个透明窗口 dips[4]。当光力学系统中存在 N 个三能级原子，而不存在两个力学振子时，由于只有原子相干作用，在图 4.3(b) 中产生两个光力诱导透明窗口 dips[21,28-30]。此外，当只有一个力学振子和 N 个三能级原子在光学腔中，图 4.3(c) 中产生三个透明窗口 dips[8,9]。具体来说，最左侧和最右侧的两个透明窗口 dips 主要是由于原子相干作用产生的，而中间的透明窗口 dip 主要是由于平方耦合作用产生的。

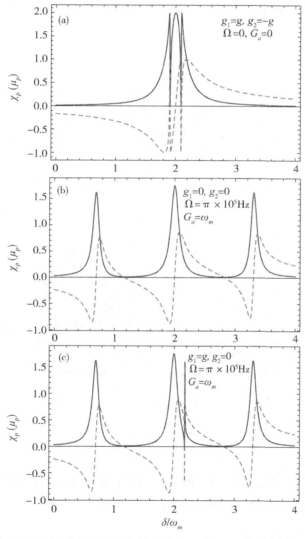

图 4.3　以 δ/ω_m 为横坐标，通过选取不同的平方耦合强度 g_1 和 g_2，分别绘制输出场的吸收光谱 χ_p（实线）和色散光谱 μ_p（虚线）。[(a) $g_1 = g$, $g_2 = -g$, $G_a = 0$ 和 $\Omega = 0$；(b) $g_1 = 0$, $g_2 = 0$, $G_a = \omega_m$ 和 $\Omega = \pi \times 10^5 \mathrm{Hz}$；(c) $g_1 = g$, $g_2 = 0$, $G_a = \omega_m$ 和 $\Omega = \pi \times 10^5 \mathrm{Hz}$；其余参数选取和图 4.2 中的参数一致]

在图 4.4 中，选取不同的集体耦合强度 G_a（$G_a = g\sqrt{N}$，表示光学腔场和三能级原子系综之间的耦合作用），来绘制探测场的吸收光谱 χ_p 和色散光谱 μ_p。观察到 4 个透明窗口 dips，其中在图 4.4(a) 和图 4.4(b) 中最左侧和最右侧的透明窗口 dips 的位置是相同的。此外，随着集体耦合强度 G_a 的增加，与图 4.4(a) 中间两个透明窗口 dips 间距作比较，会发现图 4.4(b) 中间的两个透明窗口 dips 间距变得更宽。这是由于随着集体耦合强度 G_a 的增加，三能级原子数目 N 也增加；但是由于三能级原子能级是不变的，对原子相干是没有影响的，故最左侧和最右侧透明窗口 dips 的位置是不变的。另一方面，随着三能级原子数目 N 增加（即集体耦合强度 G_a 增加），平方耦合强度随之增强，两个中间透明窗口 dips 间距变宽[9,31]。

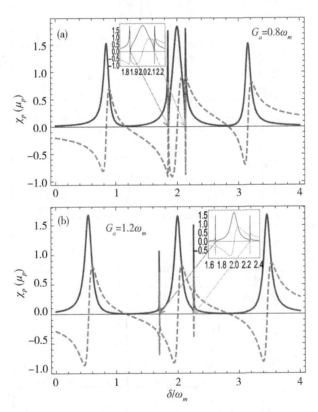

图 4.4 以 δ/ω_m 为横坐标，改变光腔场与三能级原子系综集体耦合强度 G_a，分别绘制出吸收光谱 χ_p（实线）和色散光谱 μ_p（虚线）[参数选取：$g_1 = g$，$g_2 = -g$（$g = 2\pi \times 1.8 \times 10^{23}\,\mathrm{Hz/m^2}$），其余参数选取和图 4.2 中的参数一致]

在图 4.5 中，通过改变控制场的拉比频率 Ω，来绘制输出光场的吸收光谱 χ_p 和色散光谱 μ_p。对于不同拉比频率 Ω，能够获得 4 个透明窗口 dips。随着拉比频率 Ω 的增加，原子相干作用随之增强，故最左侧和最右侧透明窗口 dips 间距变得更宽。换句话说，由于原子相干效应，最左侧和最右侧透明窗口 dips 的间距变宽，而中间两个透明窗口 dips 位置几乎是不变的[10]。

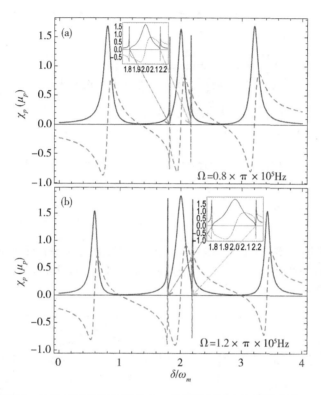

图 4.5 以 δ/ω_m 为横坐标，选取不同的拉比频率 Ω，分别绘制输出场吸收光谱 χ_p (实线)和色散光谱 μ_p (虚线)[参数选取：$g_1 = g$，$g_2 = -g(g = 2\pi \times 1.8 \times 10^{23}\text{Hz}/\text{m}^2)$，其余参数选取和图 4.2 中的参数一致]

在图 4.6 中，通过改变耦合场功率 P_l，绘制输出光场的吸收光谱 χ_p 和色散光谱 μ_p。由于平方耦合作用，光学腔场吸收两个声子，才会产生一个反斯托克斯光子[2,32]。随着耦合场功率 P_l 的增加，反斯托克斯散射效应加强，力学振子和光学腔场之间的平方耦合作用也增强，故两个中间透明窗口 dips 间距变得更宽。

在图 4.7 中，选取两个不同力学振子(即力学振子的频率和衰减率不相同)，以 δ/ω_m 为横坐标，绘制输出场的吸收光谱 χ_p 和色散光谱 μ_p。观察到 4 个透明窗口 dips。对比图 4.7(a) 和图 4.7(b)可知，最左侧和最右侧透明窗口 dips 间距基本不变，而图 4.7 (a)($\omega_2 = 0.95\omega_m$) 中间两个透明窗口 dips 间距要比图 4.7(b)($\omega_2 = 1.05\omega_m$) 中间两个透明窗口 dips 间距宽得多。

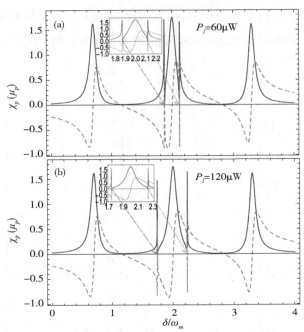

图 4.6　以 δ/ω_m 为横坐标，选取不同的耦合场功率 P_l，分别绘制输出光场吸收光谱χ_p（实线）和色散光谱 μ_p（虚线）[参数选取：$g_1 = g$，$g_2 = -g(g = 2\pi \times 1.8 \times 10^{23}\,\mathrm{Hz/m^2})$，其余参数选取和图 4.2 中的参数一致]

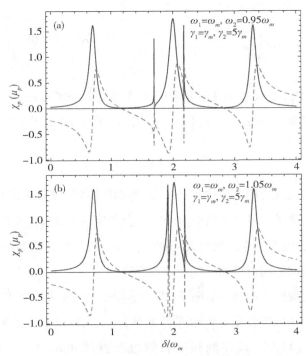

图 4.7　以 δ/ω_m 为横坐标，选取两个不同力学振子（即力学振子的频率和衰减率不相同），分别绘制输出光场的吸收光谱 χ_p（实线）和色散光谱 μ_p（虚线）[参数选取：$g_1 = g$，$g_2 = -g(g = 2\pi \times 1.8 \times 10^{23}\,\mathrm{Hz/m^2})$，$\omega_m = 1.2\pi \times 10^5\,\mathrm{Hz}$，$\gamma_m = 20\,\mathrm{Hz}$，其余参数选取和图 4.2 中的参数一致]

在图 4.8 中，选取不同光学腔的衰减率 κ 和环境温度 T，以 δ/ω_m 为横坐标绘制输出场的吸收光谱 χ_p。在图 4.8(a) 中，随着光学腔衰减率 κ 增加，中间透明窗口 dips 间距也随之增加[如图 4.8(a) 插图所示][3,5]。在图 4.8(b) 中，可以看出环境温度对中间透明窗口宽度有重要影响。随着温度 T 的增加，中间两个透明窗口的宽度变宽[如图 4.8(b) 插图所示]。物理原因如下：在双声子过程中，力学振子的位移涨落来自环境的影响。当环境的温度增加时，导致平均声子数增加，故双声子过程加强[3,5,33]。

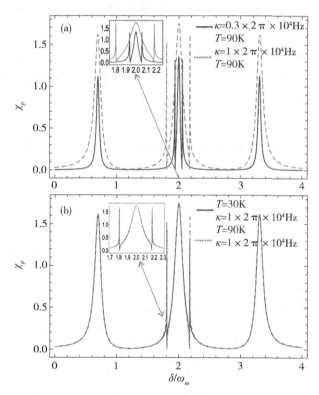

图 4.8　以 δ/ω_m 为横坐标，选取不同的光学腔衰减率和环境温度，绘制输出光场吸收光谱 χ_p [参数选取：$g_1 = g$，$g_2 = -g(g = 2\pi \times 1.8 \times 10^{23}\,\mathrm{Hz/m^2})$，其余参数选取和图 4.2 中的参数一致]

在图 4.9 中，当集体耦合强度 G_a 取值不同时，讨论产生斯托克斯场和反斯托克斯场时的正交模劈裂[19,24]。一个非常有趣的现象是，当 $G_a = 0.8\omega_m$ 时，在图 4.9 中 4 个峰的位置(如实线所示)分别对应于图 4.4(a) 中 4 个透明窗口 dips 的位置(如实线所示)。当集体耦合强度 G_a 增加时，输出光谱的劈裂宽度增加(如虚线所示)。具体地说，当 $G_a = 0.8\omega_m$ 时，输出功率 G_s 的最小值大约是 0.25。

在图 4.10(a) 中，当 $G_a = 0$ 时，只有两个峰且峰值近似相等(如点虚线所示)。当 $G_a = 0.8\omega_m$ 和 $G_a = \omega_m$ 时，获得两个主峰[如图 4.10(a) 主图所示]和两个强度较弱的峰[如图 4.10(a) 插图所示]。同时，随着耦合强度 G_a 增大，4 个峰的强度也相应增大。从图 4.10(b) 可知，

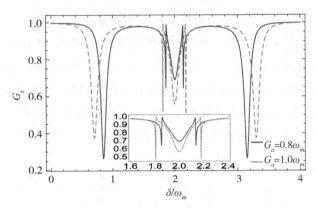

图 4.9　以 δ/ω_m 为横坐标，选取不同的集体耦合强度 G_a，绘制以输入斯托克斯功率为单位，产生斯托克斯频率 ω_p 下输出功率 G_s[参数选取：$\omega_1 = \omega_2 = \omega_m = 1.2\pi \times 10^5\,\mathrm{Hz}$，$g_1 = g$，$g_2 = -g(g = 2\pi \times 1.8 \times 10^{23}\,\mathrm{Hz/m^2})$，$\Omega = \pi \times 10^5\,\mathrm{Hz}$ 和 $P_l = 90\mu\mathrm{W}$]

当耦合强度 G_a 变大时，在反斯托克斯频率下的输出功率谱中两个峰间距变宽。具体来说，当耦合强度为 $G_a = \omega_m$ 时，产生反斯托克斯功率最大值约 0.064。

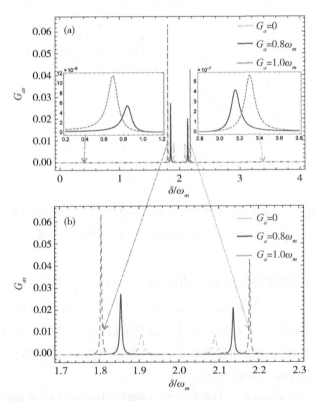

图 4.10　以 δ/ω_m 为横坐标，选取不同集体耦合强度 G_a，绘制以输入斯托克斯功率为单位，反斯托克斯频率 $2\omega_l - \omega_p$ 下的输出功率 G_{as}[参数选取：$g_1 = g$，$g_2 = -g(g = 2\pi \times 1.8 \times 10^{23}\,\mathrm{Hz/m^2})$，其余参数和图 4.2 中的参数一致]

4.4 本章小结

在本章中，考虑辅助 N 个 Λ-型三能级原子多模平方耦合混合光力学系统，发现会出现多个透明窗口 dips，并讨论其产生的物理原因。首先，在共振条件下（$\Delta = 2\omega_m$），输出场的吸收光谱会出现 4 个透明窗口 dips，由于三能级原子系综、两个力学振子和光腔场之间相互作用决定了 4 个透明窗口 dips 的特征。具体地来说，三能级原子系综与光腔场之间耦合产生原子相干作用，决定最左侧和最右侧透明窗口 dips，对中间两个透明窗口 dips 也有一定的影响。类似地，在力学振子与光腔场之间平方耦合作用下，力学振子位移涨落对两个中间透明窗口 dips 产生主要的影响，也对最左侧和最右侧的透明窗口 dips 有一定影响。

此外，实现了两个透明窗口 dips、3 个透明窗口 dips 和 4 个透明窗口 dips 之间的相互转换。通过改变相关参数（即力学振子与光腔场之间的平方耦合作用强度、三能级原子系综与光腔场之间的集体耦合强度、控制场的拉比频率、耦合场的功率），可以控制两个透明窗口 dips 的间距。最后，通过改变三能级原子系综和光学腔场之间的集体耦合强度，研究产生斯托克斯场和反斯托克斯场时正交模劈裂。具体地说，在斯托克斯频率下输出功率的 4 个峰的位置对应于吸收光谱中 4 个透明窗口 dips 的位置。研究反斯托克斯频率下的输出功率时，通过增加集体耦合强度，发现 4 个峰的峰值增加且两个峰的间距也变宽。

◎ 本章参考文献

[1] Thompson J D, Zwickl B M, Jayich A M, et al. Strong dispersive coupling of a high-finesse cavity to a micromechanical membrane[J]. Nature, 2008, 452(7183): 72-75.

[2] Huang S, Agarwal G S. Electromagnetically induced transparency from two phonon processes in quadratically coupled membranes[J]. Phys. Rev. A, 2011, 83(2): 023823.

[3] Bhattacharya M, Uys H, Meystre P. Optomechanical trapping and cooling of partially reflective mirrors[J]. Phys. Rev. A, 2008, 77(3): 033819.

[4] Jiang C, Cui Y, Bian X, et al. Phase-dependent multiple optomechanically induced absorption in multimode optomechanical systems with mechanical driving[J]. Phys. Rev. A, 2016, 94(2): 023837.

[5] Xiao R J, Pan G X, Zhou L. Analog multicolor electromagnetically induced transparency in multimode quadratic coupling quantum optomechanics[J]. J. Opt. Soc. Am. B, 2015, 32(7):

1399-1405.

[6]Chang Y, Shi T, Liu Y X, et al. Multistability of electromagnetically induced transparency in atom-assisted optomechanical cavities[J]. Phys. Rev. A, 2011, 83(6): 063826.

[7]Ian H, Gong Z R, Liu Y X, et al. Cavity optomechanical coupling assisted by an atomic gas [J]. Phys. Rev. A, 2008, 78(1): 013824.

[8]Sun X J, Chen H, Liu W X, et al. Optical-response properties in an atom-assisted optomechanical system with a mechanical pump[J]. J. Phys. B: At. Mol. Opt. Phys., 2017, 50(10): 105503.

[9]Wei W Y, Yu Y F, Zhang Z M, Multi-window transparency and fasts low light switching in a quadratically coupled optomechanical system assisted with three-level atoms[J]. Chin. Phys. B, 2018, 27(3): 34204.

[10]Xiao Y, Yu Y F, Zhang Z M, Controllable optomechanically induced transparency and ponderomotive squeezing in an optomechanical system assisted by an atomic ensemble[J]. Opt. Express, 2014, 22(15): 17979-17989.

[11]Muhammad J A, Fazal G, Farhan S. Electromagnetically induced transparency and tunable fano resonances in hybrid optomechanics[J]. J. Phys. B: At. Mol. Opt. Phys., 2015, 48 (6): 065502.

[12]He Q, Badshah F, Din R U, et al. Multiple transparency in a multimode quadratic coupling optomechanical system with an ensemble of three-level atoms[J]. J. Opt. Soc. Am. B, 2018, 35(10): 2550-2561.

[13]Holstein T, Primakoff H. Field dependence of the intrinsic domain magnetization of a ferromagnet[J]. Phys. Rev., 1940, 58: 1098-1113.

[14]Xiong W, Jin D Y, Qiu Y Y, et al. Cross-Kerr effect on an optomechanical system[J]. Phys. Rev. A, 2016, 93(2): 023844.

[15]Gong Z R, Ian H, Liu Y X, et al. Effective Hamiltonian approach to the Kerr nonlinearity in an optomechanical system[J]. Phys. Rev. A, 2009, 80(6): 065801.

[16]Sun C P, Li Y, Liu X F, Quasi-spin-wave quantum memories with a dynamical symmetry [J]. Phys. Rev. Lett., 2003, 91(14): 147903.

[17]Agarwal G S, Huang S. Optomechanical systems as single-photon routers[J]. Phys. Rev. A, 2012, 85(2): 021801.

[18]Wang H, Gu X, Liu Y X, et al. Optomechanical analog of two-color electromagnetically induced transparency: Photon transmission through an optomechanical device with a two-

level system[J]. Phys. Rev. A, 2014, 90(2): 023817.

[19]Genes C, Vitali D, Tombesi P, et al. Ground-state cooling of a micromechanical oscillator: Comparing cold damping and cavity-assisted cooling schemes[J]. Phys. Rev. A, 2008, 77 (3): 033804.

[20]Agarwal G S, Huang S. Electromagnetically induced transparency in mechanical effects of light[J]. Phy. Rev. A, 2010, 81(4): 041803.

[21] Zhang J Q, Li Y, Feng M, et al. Precision measurement of electrical charge with optomechanically induced transparency[J]. Phys. Rev. A, 2012, 86(5): 053806.

[22]Walls D F, Milburn G J. Quantum Optics[M]. Berlin: Springer-Verlag, 1994.

[23]Zhang X Y, Zhou Y H, Guo Y Q, et al. Optomechanically induced transparency in optomechanics with both linear and quadratic coupling [J]. Phys. Rev. A, 2018, 98 (5): 053802.

[24] Huang S, Agarwal G S. Reactive-coupling-induced normal mode splittings in microdisk resonators coupled to waveguides[J]. Phys. Rev. A, 2010, 81(5): 053810.

[25]Kolchin P, Du S, Belthangady C, et al. Generation of narrow-bandwidth paired photons: Use of a single driving laser[J]. Phys. Rev. Lett., 2006, 97(11): 113602.

[26]Sankey J C, Yang C, Zwickl B M, et al. Strong and tunable nonlinear optomechanical coupling in a low-loss system[J]. Nat. Phys., 2010, 6(9): 707-712.

[27]Bai C, Hou B P, Lai D G, et al. Tunable optomechanically induced transparency in double quadratically coupled optomechanical cavities within a common reservoir[J]. Phys. Rev. A, 2016, 93(4): 043804.

[28] Boller K J, Imamoglu A, Harris S E. Observation of electromagnetically induced transparency[J]. Phys. Rev. Lett., 1991, 66(20): 2593-2596.

[29]Ian H, Liu Y X, Nori F. Tunable electromagnetically induced transparency and absorption with dressed superconducting qubits[J]. Phys. Rev. A, 2010, 81(6): 063823.

[30]Wang L Y, Di K, Zhu Y, et al. Interference control of perfect photon absorption in cavity quantum electrodynamics[J]. Phys. Rev. A, 2017, 95(1): 013841.

[31] Han Y, Cheng J, Zhou L. Electromagnetically induced transparency in a quadratically coupled optomechanical system with an atomic medium[J]. J. Mod. Opt., 2012, 59(5): 1336-1341.

[32]Zhan X G, Si L G, Zheng A S, et al. Tunable slow light in a quadratically coupled optomechanical system[J]. J. Phys. B: At. Mol. Opt. Phys., 2013, 46(2): 025501.

[33] Qian Z, Zhao M M, Hou B P, et al. Tunable double optomechanically induced transparency in photonically and phononically coupled optomechanical systems[J]. Opt. Express, 2017, 25(26): 33097-33112.

第 5 章 辅助二能级量子比特混合光力学系统诱导透明、放大与吸收

5.1 概述

我们先讨论光力诱导透明现象。Wang 等研究了含有二能级缺陷(Defect)的混合光力学系统中双透明窗口 dips 现象,通过改变二能级缺陷的转换频率,可以实现单透明诱导窗口 dip 与双透明诱导窗口 dips 之间的相互转换[1]。此外,Sohail 等研究了含有 N 个光学腔和一个二能级原子的混合光力学系统,其中二能级原子放置在第 i 个光学腔中(i 取任意值),第 1 个光学腔与力学振子相互作用;当用一个强的耦合场和一个弱的探测场来驱动第 N 个光学腔时,研究发现透明窗口 dips 数量由光学腔数量 N 和二能级原子在第 i 个腔中来决定[2]。

光力诱导吸收是另一个有趣的现象。Agarwal 等发现输出光完全被囚禁在光学腔中,输入探测场的能量转移到光学腔场和力学振子上[3]。Yang 等通过改变作用到力学振子上驱动场的幅值,发现双光力透明窗口 dips 能被放大或者被抑制[4]。Wu 等研究了薄膜腔光力学系统中的诱导吸收,通过库仑作用两个带电的力学振子之间相互耦合,当两个弱的探测场入射到光学腔的左、右两侧时,在不同的参数条件下,观测到一个或者三个光力诱导吸收通道[5]。

本章的混合光力学系统包括光学腔、力学振子和二能级量子比特,其中二能级量子比特可能是力学振子中的内在缺陷,或者可能是超导人造原子[6,7]。需要注意的是,二能级量子比特与力学振子之间的耦合用 Jaynes-Cummings 哈密顿量来描述,二能级量子比特与光学腔之间没有耦合作用。当一个强的耦合场和一个弱的探测场作用到光学腔上时,出现双光力诱导透明现象。如果同时存在作用到力学振子上的外来驱动场,则会出现光力诱导放大现象。接下来,当两个弱的探测场同时分别入射到光学腔左、右两侧时,用一个强的耦合场入射到光学腔的左侧,在合适的参数条件下,在三个不同的通道上的输出光场为零(即发生光力诱导吸收现象)。当混合光力学系统出现光力诱导吸收时,也研究探测场能量

如何在光学腔场、力学振子和二能级量子比特上分布的问题[8]。

5.2　理论模型

如图 5.1 所示，混合光力学系统包括光学腔、力学振子和二能级量子比特，其中二能级量子比特与力学振子之间的相互作用为 Jaynes-Cummings 耦合哈密顿量，在光学腔场与力学振子之间存在辐射压力作用，但是二能级量子比特与光腔场之间没有直接耦合作用[1,9]。一个强的耦合场（功率为 P_c，频率为 ω_c，振幅为 ε_c）和一个弱的探测场（功率为 P_L，频率为 ω_L，振幅为 ε_L）从光学腔的左侧驱动光腔，另一个弱的探测场（功率为 P_R，频率为 ω_R，振幅为 ε_R）从光学腔的右侧驱动光腔。此外，一个辅助驱动场（频率为 ω_b，振幅为 ε_b）作用到力学振子上[10]，此混合光力学系统总哈密顿量（令 $\hbar = 1$）[1,7] 表示为

$$
\begin{aligned}
H =& \omega_0 c^\dagger c + \omega_m b^\dagger b + \frac{1}{2}\omega_q \sigma_z + g_a(b^\dagger \sigma_- + \sigma_+ b) - gc^\dagger c(b^\dagger + b) + \\
& i\varepsilon_b(b^\dagger e^{-i(\omega_b t+\varphi)} - be^{i(\omega_b t+\varphi)}) + i\varepsilon_c(c^\dagger e^{-i\omega_c t} - ce^{i\omega_c t}) + \\
& i\hbar\varepsilon_L(c^\dagger e^{-i\omega_L t} - ce^{i\omega_L t}) + i\hbar\varepsilon_R(c^\dagger e^{-i\omega_R t} - ce^{i\omega_R t})
\end{aligned}
\tag{5.1}
$$

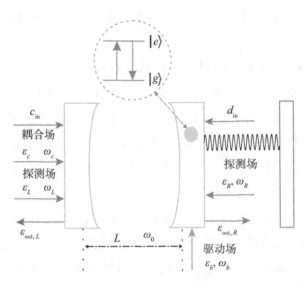

图 5.1　混合光力学系统由光学腔、力学振子和二能级量子比特构成的，其中二能级量子比特位于力学振子中[8]

式(5.1)中，第一项 $\omega_0 c^\dagger c$ 是光学腔的哈密顿量（频率为 ω_0，湮灭、产生算符分别为 c、$c^\dagger$）；第二项 $\omega_m b^\dagger b$ 是力学振子的哈密顿量（频率为 ω_m，湮灭、产生算符分别为 b、

$b^{\dagger}$)；第三项$\frac{1}{2}\omega_q\sigma_z$为二能级量子比特的哈密顿量(转换频率为$\omega_q$，泡利算符为$\sigma_z$)；第四项$g_a(b^{\dagger}\sigma_-+\sigma_+b)$描述在二能级量子比特与力学振子之间耦合作用的哈密顿量(g_a是二能级量子比特与力学振子之间的耦合强度，σ_-、σ_+分别是二能级量子比特的下降、上升算符)；第五项$-gc^{\dagger}c(b^{\dagger}+b)$表示在力学振子与光学腔之间的辐射压力作用($g$是光学腔与力学振子间的耦合强度)；第六项$i\varepsilon_b(b^{\dagger}e^{-i(\omega_b t+\varphi)}-be^{i(\omega_b t+\varphi)})$表示驱动场与力学振子之间相互作用的哈密顿量；假设耦合场(探测场)的相位相同，φ表示驱动场和耦合场(或探测场)之间的相对相位；最后三项$i\varepsilon_c(c^{\dagger}e^{-i\omega_c t}-ce^{i\omega_c t})$、$i\hbar\varepsilon_L(c^{\dagger}e^{-i\omega_L t}-ce^{i\omega_L t})$、$i\hbar\varepsilon_R(c^{\dagger}e^{-i\omega_R t}-ce^{i\omega_R t})$分别对应于耦合场、左侧探测场、右侧探测场与光腔场相互作用的哈密顿量。为了便于计算，假设参数ε_c、ε_L、ε_R和ε_b都是实数。

在旋转表象下，利用幺正变换$U(t)=\exp(-i\omega_c c^{\dagger}ct)$[11,12]对式(5.1)中总哈密顿量作用，得到混合光力学系统新的哈密顿量：

$$\begin{aligned}H=&\Delta_0 c^{\dagger}c+\omega_m b^{\dagger}b+\frac{1}{2}\omega_q\sigma_z+g_a(b^{\dagger}\sigma_-+\sigma_+b)-gc^{\dagger}c(b^{\dagger}+b)+\\&i\varepsilon_c(c^{\dagger}-c)+i\varepsilon_b(b^{\dagger}e^{-i(\delta t+\varphi)}-be^{i(\delta t+\varphi)})+\\&i\hbar\varepsilon_L(c^{\dagger}e^{-i\delta t}-ce^{i\delta t})+i\hbar\varepsilon_R(c^{\dagger}e^{-i\delta t}-ce^{i\delta t})\end{aligned}\tag{5.2}$$

选取$\omega_L=\omega_R=\omega_p$，$\varepsilon_L=\varepsilon_R=\varepsilon_p$和$\omega_b=\delta$，相对幅值比$\eta=\frac{\varepsilon_b}{\varepsilon_p}$。在式(5.2)中，$\Delta_0=\omega_0-\omega_c$，表示光腔场与耦合场之间的频率失谐量；$\delta=\omega_p-\omega_c$，表示左侧、右侧探测场与耦合场之间的频率失谐量。

引入衰减项和涨落噪声项，得到相关算符朗之万方程[13]：

$$\begin{aligned}\dot{c}=&-(2\kappa+i\Delta_0)c+igc(b^{\dagger}+b)+\varepsilon_c+(\varepsilon_L+\varepsilon_R)e^{-i\delta t}+\sqrt{2\kappa}(c_{in}+d_{in})\\\dot{b}=&-(\gamma_m+i\omega_m)b+igc^{\dagger}c-ig_a\sigma_-+\varepsilon_b\phi e^{-i\delta t}+\sqrt{2\gamma_m}b_{in}\\\dot{\sigma}_-=&-(\gamma_a+i\omega_q)\sigma_-+ig_a b\sigma_z+\sqrt{2\gamma_a}\Gamma_-(t)\\\dot{\sigma}_z=&-2\gamma_a(1+\sigma_z)+i2g_a(b^{\dagger}\sigma_--\sigma_+b)+\sqrt{2\gamma_a}\Gamma_z(t)\end{aligned}\tag{5.3}$$

式(5.3)中，$\phi=e^{-i\varphi}$是相对相位；2κ、γ_m和γ_α分别是光学腔、力学振子和二能级量子比特的衰减率；算符c_{in}、d_{in}、b_{in}、$\Gamma_-(t)$和$\Gamma_z(t)$分别是来自环境的输入量子噪声[1,5]。在马尔可夫过程中，噪声项c_{in}、d_{in}、b_{in}、$\Gamma_-(t)$和$\Gamma_z(t)$的平均值是零[1,14]。

在平均场近似下，满足$\langle ab\rangle=\langle a\rangle\langle b\rangle$[15]，$a$和$b$表示系统中任意两个算符。为了简化计算，令式(5.3)中的$\langle\sigma_z\rangle=-0.99$[6,9]，相关算符运动方程的平均值表示为

$$\langle \dot{c} \rangle = -(2\kappa + i\Delta_0)\langle c \rangle + ig\langle c \rangle(\langle b^{\dagger} \rangle + \langle b \rangle) + \varepsilon_c + (\varepsilon_L + \varepsilon_R)e^{-i\delta t}$$

$$\langle \dot{b} \rangle = -(\gamma_m + i\omega_m)\langle b \rangle + ig\langle c^{\dagger} \rangle\langle c \rangle - ig_a\langle \sigma_- \rangle + \varepsilon_b\phi e^{-i\delta t} \tag{5.4}$$

$$\langle \dot{\sigma}_- \rangle = -(\gamma_a + i\omega_q)\langle \sigma_- \rangle + ig_a\langle b \rangle\langle \sigma_z \rangle$$

式 (5.4) 中, 每一个算符 o 都包含三项: o_s、o_+ 和 o_-, $o \in \{c, b, \sigma_-\}$。

$$\langle o \rangle = o_s + o_+\varepsilon_p e^{-i\delta t} + o_-\varepsilon_p e^{i\delta t} \tag{5.5}$$

在可解边带条件下, 假设 $o_- = 0$, 式 (5.5) 简化[2,16]为

$$\langle o \rangle = o_s + o_+\varepsilon_p e^{-i\delta t} \tag{5.6}$$

当 $o_s \gg o_+$ 时, 把 o_+ 当作微扰, 把式 (5.6) 代入式 (5.4) 后, 忽略高阶项, 求出此混合光力学系统稳态平均值:

$$c_s = \frac{\varepsilon_c}{2\kappa + i\Delta_1}$$

$$b_s = \frac{ig(\gamma_a + i\omega_q)\,|c_s|^2}{g_a^2 + (\gamma_a + i\omega_q)(\gamma_m + i\omega_m)} \tag{5.7}$$

式 (5.7) 中, $\Delta_1 = \Delta_0 - g_s(b_s + b_s^*)$, 其中, b_s^* 表示对 b_s 进行共轭运算。

接着, 利用式 (5.4) 和式 (5.6) 计算出 c_+, b_+ 和 $\sigma_{-,+}$ 的表达式:

$$c_+ = \frac{\dfrac{\varepsilon_L + \varepsilon_R}{\varepsilon_p}}{2\kappa - i(\delta - \Delta_1) + \dfrac{GG^*}{\gamma_m - i(\delta - \omega_m) - \dfrac{g_a^2\langle \sigma_z \rangle}{\gamma_a - i(\delta - \omega_q)}}} +$$

$$\frac{\dfrac{iG\phi\dfrac{\varepsilon_b}{\varepsilon_p}}{\gamma_m - i(\delta - \omega_m) - \dfrac{g_a^2\langle \sigma_z \rangle}{\gamma_a - i(\delta - \omega_q)}}}{2\kappa - i(\delta - \Delta_1) + \dfrac{GG^*}{\gamma_m - i(\delta - \omega_m) - \dfrac{g_a^2\langle \sigma_z \rangle}{\gamma_a - i(\delta - \omega_q)}}} \tag{5.8}$$

$$b_+ = \frac{\phi\dfrac{\varepsilon_b}{\varepsilon_p}}{\gamma_m - i(\delta - \omega_m) - \dfrac{g_a^2\langle \sigma_z \rangle}{\gamma_a - i(\delta - \omega_q)}} + \frac{iGc_+}{\gamma_m - i(\delta - \omega_m) - \dfrac{g_a^2\langle \sigma_z \rangle}{\gamma_a - i(\delta - \omega_q)}}$$

$$\sigma_{-,+} = \frac{ig_a^2\langle \sigma_z \rangle}{\gamma_a - i(\delta - \omega_q)}b_+$$

式(5.8)中，定义有效辐射压强度为 $G = gc_s$，G^* 表示对 G 进行共轭运算。

5.3 结果分析与讨论

5.3.1 只存在左侧探测场时光力诱导透明

对于 $\varepsilon_L = \varepsilon_p$、$\varepsilon_R = 0$ 和 $\varepsilon_b = 0$ 的情况，式(5.8)简化为

$$c_+ = \frac{\dfrac{\varepsilon_L}{\varepsilon_p}}{2\kappa - \mathrm{i}(\delta - \Delta_1) + \dfrac{GG^*}{\gamma_m - \mathrm{i}(\delta - \omega_m) - \dfrac{g_a^2\langle\sigma_z\rangle}{\gamma_a - \mathrm{i}(\delta - \omega_q)}}} \qquad (5.9)$$

利用输入-输出关系[3,17]，

$$\langle c_{\mathrm{out},L}\rangle + \frac{\varepsilon_c}{\sqrt{4\kappa}} + \frac{\varepsilon_L \mathrm{e}^{-\mathrm{i}\delta t}}{\sqrt{4\kappa}} = \sqrt{4\kappa}\langle c\rangle, \qquad (\varepsilon_L = \varepsilon_R) \qquad (5.10)$$

假设 $c_{\mathrm{out},L} = c_{\mathrm{out},L,s} + c_{\mathrm{out},L,+}\varepsilon_p\mathrm{e}^{-\mathrm{i}\delta t}$，并利用 $\langle c\rangle = c_s + c_+\varepsilon_p\mathrm{e}^{-\mathrm{i}\delta t}$，得到 $c_{\mathrm{out},L,+}$ 的表达式：

$$c_{\mathrm{out},L,+} = \sqrt{4\kappa}c_+ - \frac{1}{\sqrt{4\kappa}} \qquad (5.11)$$

式(5.11)中，c_+ 用式(5.9)表示。为了更好地描述输出光场，重新定义输出场 ε_T 的表达式为

$$\varepsilon_T = \sqrt{4\kappa}c_{\mathrm{out},L+} + 1 = 4\kappa c_+ \qquad (5.12)$$

计算输出光场 ε_T 的实部 χ_p 和虚部 μ_p：

$$\chi_p = \mathrm{Re}\varepsilon_T = \mathrm{Re}(4\kappa c_+)$$
$$\mu_p = \mathrm{Im}\varepsilon_T = \mathrm{Im}(4\kappa c_+) \qquad (5.13)$$

式(5.13)中，χ_p 和 μ_p 分别描述输出光场的吸收性质和色散性质[15]。

以输入斯托克斯功率为单位，产生斯托克斯频率 ω_p 下输出功率[18-21]为

$$G_s = \frac{\hbar\omega_p|\varepsilon_p c_{\mathrm{out},L+}|^2}{P_p} = |4\kappa c_+ - 1|^2 \qquad (5.14)$$

式(5.14)中，$\varepsilon_p = \sqrt{\dfrac{4\kappa P_p}{\hbar\omega_p}}$；$\omega_p$ 为探测场的频率；P_p 为探测场的功率。如果 $G_s = 0$，则表示光力诱导吸收发生。

在可解边带条件下，假设 $\omega_m > \kappa$，$\Delta_1 = \omega_m = \omega_q$，$x = \delta - \Delta_1 = \delta - \omega_m = \delta - \omega_q$，$\langle \sigma_z \rangle = -0.99$。在图 5.2 中，以 $\dfrac{x}{\kappa}$ 为横坐标，根据式(5.9)和式(5.13)，绘制输出光场的吸收光谱 χ_p。当力学振子和二能级量子比特之间没有相互作用($g_a = 0$)时，混合光力学系统简化为典型光力学系统，产生单光力诱导透明窗口[15]。若力学振子和二能级量子比特之间存在耦合作用(即 $g_a = 2\pi \times 10\text{MHz}$ 或者 $g_a = 2\pi \times 20\text{MHz}$)，则双光力诱导透明现象发生。随着力学振子和二能级量子比特耦合强度 g_a 的增加，两个透明窗口 dips 间距也随之增加。

下面解释其物理原因。选取 $\omega_L = \omega_p$ 和 $\omega_m = \omega_q$，定义力学缀饰模式 $b_- = \dfrac{b - \sigma_-}{\sqrt{2}}$ 和 $b_+ = \dfrac{b + \sigma_-}{\sqrt{2}}$ [4,22-26]，把力学缀饰模式代入式(5.2)中，得到：

$$
\begin{aligned}
H^R = &\Delta_0 c^\dagger c + (\omega_m - g_a)b_-^\dagger b_- + (\omega_m + g_a)b_+^\dagger b_+ - \frac{1}{\sqrt{2}}gc^\dagger c(b_+ + b_+^\dagger) - \\
&\frac{1}{\sqrt{2}}gc^\dagger c(b_- + b_-^\dagger) + \mathrm{i}\frac{\varepsilon_b}{\sqrt{2}}(b_+^\dagger + b_-^\dagger)\mathrm{e}^{-\mathrm{i}(\delta t + \varphi)} - \mathrm{i}\frac{\varepsilon_b}{\sqrt{2}}(b_+ + b_-)\mathrm{e}^{-\mathrm{i}(\delta t + \varphi)} + \\
&\mathrm{i}\varepsilon_c(c^\dagger - c) + \mathrm{i}\varepsilon_L(c^\dagger \mathrm{e}^{-\mathrm{i}\delta t} - c\mathrm{e}^{\mathrm{i}\delta t})
\end{aligned}
\tag{5.15}
$$

如图 5.2 所示，如果在二能级量子比特和力学振子之间没有耦合作用($g_a = 0\text{MHz}$)，则混合光力学系统简化为传统光力学系统，只有单个相干量子通道，故出现单个光力诱导透明窗口 dip。当二能级量子比特和力学振子之间存在耦合作用时，产生力学缀饰模式 b_- 和 b_+，故混合光力学系统有两个量子相干通道，产生双光力诱导透明窗口 dips[4,24]。此外，二能级量子比特和力学振子的耦合强度决定两个透明诱导窗口 dips 的间距(即 $2g_a$)。通过改变二能级量子比特和力学振子之间的耦合强度 g_a，能够实现单透明窗口 dip 到双透明窗口 dips 的转换，并且可以控制两个透明诱导窗口 dips 的间距。

当二能级量子比特和力学振子之间存在耦合相互作用时，在图 5.3 中绘制混合光力学系统的能级图。探测场作用到光学腔中引起光子转换 $|n, m\rangle \leftrightarrow |n+1, m\rangle$，在这里，力学振子布居数是不变的。另外，光学腔场与力学振子相互作用引起单声子转换过程：$|n+1, m\rangle \leftrightarrow |n, m+1\rangle$，表示吸收一个光子(声子)，然后产生一个声子(光子)。而 $|b_\pm\rangle$ 表示在力学振子和二能级量子比特之间的缀饰态。

在图 5.4 中，研究光力诱导吸收现象，以 $\dfrac{x}{\kappa}$ 为横坐标，选取不同的 ω_q 值，根据式

(5.14)，绘制以输入斯托克斯功率为单位，产生斯托克斯频率 ω_p 下的输出功率 G_s。当 $\omega_q = 1.2\omega_m$ 时，输出功率 G_s 最小值约为 0.2，表示没有出现光力诱导吸收。

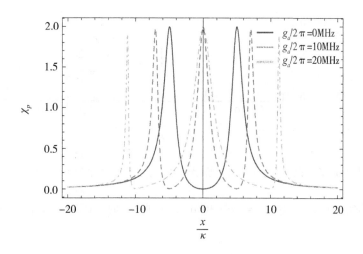

图 5.2　在 $\varepsilon_R = \varepsilon_p$、$\varepsilon_R = 0$ 和 $\varepsilon_b = 0$ 的条件下，选取不同的值 g_a，以 $\dfrac{x}{\kappa}$ 为横坐标，绘制输出场的吸收光谱 χ_p（参数选取：$\Delta_1 = \omega_m = \omega_q = 2\pi \times 100\text{MHz}$，$G = 2\pi \times 10\text{MHz}$，$\langle \sigma_z \rangle = -0.99$，$\gamma_m = 2\pi \times 0.01\text{MHz}$，$\gamma_a = 2\pi \times 0.05\text{MHz}$，$\kappa = 2\pi \times 2\text{MHz}$）

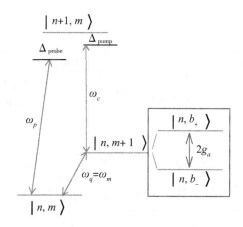

图 5.3　混合光力学系统的能级图

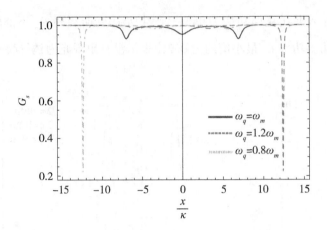

图 5.4　选取不同的 ω_q 值, 以 $\dfrac{x}{\kappa}$ 为横坐标, 绘制以输入斯托克斯功率为单位, 产生斯托克斯频率 ω_p 下

的输出功率 G_s（参数选取：$g_a = 2\pi \times 10\mathrm{MHz}$, 其他参数的选取和图 5.2 中参数的选取是一致的）

5.3.2　存在左侧探测场和外加驱动场的光力诱导放大

在这里, 考虑驱动力学振子的外来驱动场对混合光力学系统的影响。当 $\varepsilon_L = \varepsilon_p$、$\varepsilon_R = 0$ 和 $\varepsilon_b = \eta \varepsilon_p$ 时, 式(5.8)中 c_+ 的表达式简化为

$$c_+ = \cfrac{\dfrac{\varepsilon_L}{\varepsilon_p}}{2\kappa - \mathrm{i}(\delta - \Delta_1) + \cfrac{GG^*}{\gamma_m - \mathrm{i}(\delta - \omega_m) - \cfrac{g_a^2\langle\sigma_z\rangle}{\gamma_a - \mathrm{i}(\delta - \omega_q)}}} +$$

$$\cfrac{\cfrac{\mathrm{i}G\phi\dfrac{\varepsilon_b}{\varepsilon_p}}{\gamma_m - \mathrm{i}(\delta - \omega_m) - \cfrac{g_a^2\langle\sigma_z\rangle}{\gamma_a - \mathrm{i}(\delta - \omega_q)}}}{2\kappa - \mathrm{i}(\delta - \Delta_1) + \cfrac{GG^*}{\gamma_m - \mathrm{i}(\delta - \omega_m) - \cfrac{g_a^2\langle\sigma_z\rangle}{\gamma_a - \mathrm{i}(\delta - \omega_q)}}} \tag{5.16}$$

在式(5.16)中, 定义相对拉比频率比率为 $\eta = \dfrac{\varepsilon_b}{\varepsilon_p}$, 相对相位为 $\phi = \mathrm{e}^{-\mathrm{i}\varphi}$。

在图 5.5 中, 选取不同的 η, 以 $\dfrac{x}{\kappa}$ 为横坐标, 利用式(5.13)和式(5.16), 绘制输出

光场的吸收光谱χ_p。在没有外来驱动场(即$\varepsilon_b = 0$,$\eta = 0$)时,双光力诱导透明 dips 出现(如点虚线所示)。在有外加驱动场存在时,若相对拉比频率比率为$\eta = 1$(如虚线所示),则两个透明窗口 dips 是负值,出现光力诱导放大现象。随着相对拉比频率比率η的增加(即$\eta = 1.5$, 如实线所示),两个透明窗口 dips 仍为负值,但变得更深。

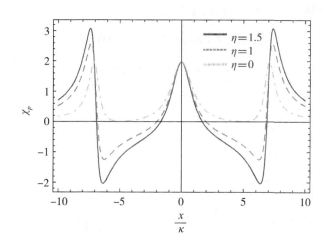

图 5.5 选取不同的值η,以$\dfrac{x}{\kappa}$为横坐标,绘制出输出场吸收光谱χ_p(当$\varepsilon_L = \varepsilon_p$,$\varepsilon_R = 0$ 和 $\varepsilon_b = \eta\varepsilon_p$ 时,假设$g_a = 2\pi \times 10\text{MHz}$,$\phi = i$, 其余参数选取与图 5.2 中的参数选取是一致的)

从物理上解释此现象,定义新的力学缀饰态模式为:$B_{\pm} = b_{\pm} + \dfrac{i\varepsilon_b e^{-i(\delta t + \varphi)}}{\sqrt{2}\,\omega_{m\pm}}$, ($\omega_{m\pm} = \omega_m \pm g_a$)[1,4],代入式(5.15)中,得到新的哈密顿量为

$$H^R = \left(\Delta_0 - \sum_{j = +, -} \frac{g\varepsilon_b \sin(\delta t + \varphi)}{\omega_{mj}}\right) c^{\dagger}c + \sum_{j = +, -} \omega_{mj} B_j^{\dagger} B_j + \frac{gc^{\dagger}c}{\sqrt{2}} \sum_{j = +, -} \left(B_j^{\dagger} + B_j\right) + $$

$$i\varepsilon_c(c^{\dagger} - c) + i\varepsilon_L(c^{\dagger}e^{-i\delta t} - ce^{i\delta t}) \tag{5.17}$$

此处忽略式(5.17)中哈密顿量的常数项。当外加驱动场作用到力学振子上时,由于力学振子与光学腔的耦合作用,外加驱动场也能够引起光学腔场相干。具体来说,由于外加驱动场对于光学腔场的负值贡献,发生双光力诱导放大现象。在图 5.5 中还可以观察到,随着外加驱动场幅值的增加(即相对拉比频率比率η增加),双光力诱导放大 dips 变得更深[4]。

5.3.3 存在左侧探测场和右侧探测光的光力诱导吸收

对于$\varepsilon_L = \varepsilon_p$、$\varepsilon_R = \varepsilon_p$ 和 $\varepsilon_b = 0$ 的情况,式(5.8)简化为

$$c_+ = \cfrac{\dfrac{\varepsilon_L + \varepsilon_R}{\varepsilon_p}}{\kappa - \mathrm{i}(\delta - \Delta_1) + \cfrac{GG^*}{\gamma_m - \mathrm{i}(\delta - \omega_m) - \cfrac{g_a^2 \langle \sigma_z \rangle}{\gamma_a - \mathrm{i}(\delta - \omega_q)}}} \tag{5.18}$$

为了研究光力诱导吸收，重新定义输出场的表达式[3,7]：

$$c_{\mathrm{out},\,s,\,+} = 2\kappa c_+ - 1, \quad (s = L,\ R) \tag{5.19}$$

参数选取：$\Delta_1 = \omega_m = \omega_q$，$x = \delta - \Delta_1 = \delta - \omega_m = \delta - \omega_q$，$\langle \sigma_z \rangle = -0.99$。当满足

$$\varepsilon_L = \varepsilon_R$$

$$\gamma_m = \gamma_a = \kappa \tag{5.20}$$

$$g_a^2 = \frac{GG^*}{2} - \kappa^2$$

$$x = 0,\ x_+ = \sqrt{\frac{3}{2}G^2 - 4\kappa^2},\ x_- = -\sqrt{\frac{3}{2}G^2 - 4\kappa^2}$$

时，输出场为零（$\varepsilon_{\mathrm{out},\,L+} = \varepsilon_{\mathrm{out},\,R+} = 0$），即出现光力诱导吸收现象。

　　很明显，发生光力诱导吸收时选取的参数不同于发生光力诱导透明时选取的参数。具体来说，在光力诱导透明中，参数选取为 $\gamma_m \ll \kappa$ 和 $\gamma_a \ll \kappa$；而在光力诱导吸收中，参数选取为 $\gamma_m = \gamma_a = \kappa$。在图 5.6 中，$\gamma_m = \gamma_a = \kappa$，以 $\dfrac{x}{\kappa}$ 为横坐标，选取不同的有效辐射压强度 G，绘制输出光场的光子数 $\left| \dfrac{\varepsilon_{\mathrm{out},\,s+}}{\varepsilon_s} \right|^2$（$s = L,\ R$）来研究光力诱导吸收[3,7]。当 $G = \sqrt{\dfrac{8}{3}}\kappa$ 时，在 $x = 0$ 处只有一个光力诱导吸收通道（如图中实线所示）。此外，当 $G > \sqrt{\dfrac{8}{3}}\kappa$ 时，分别在 $x = 0$ 和 $x_\pm = \pm \sqrt{\dfrac{3}{2}G^2 - 4\kappa^2}$ 处有 3 个光力诱导吸收通道。进一步地分析，最左侧 $\left(\dfrac{x_-}{\kappa} \right)$ 和最右侧 $\left(\dfrac{x_+}{\kappa} \right)$ 两个通道的间距为 $\Delta_x = \dfrac{2\sqrt{\dfrac{3}{2}G^2 - 4\kappa^2}}{\kappa}$。因此，随着有效辐射压强度 G 的增加，两个通道的间距 Δ_x 变得更宽。具体来说，当 $G = 4\kappa$ 时，Δ_x 为 8.944（如图中虚线所示）；而当 $G = 6\kappa$ 时，Δ_x 为 14.14（如图中点虚线所示）。

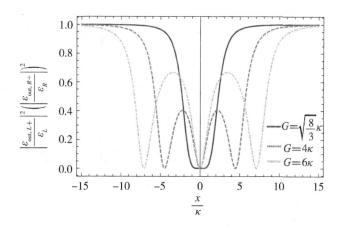

图 5.6 当 $\varepsilon_L = \varepsilon_p$、$\varepsilon_R = \varepsilon_p$ 和 $\varepsilon_b = 0$ 时，以 $\dfrac{x}{\kappa}$ 为横坐标，选取不同的 G，绘制从左、右两侧上输出光

场的光子数 $\left| \dfrac{\varepsilon_{\text{out}, L, +}}{\varepsilon_L} \right|^2 \left(\left| \dfrac{\varepsilon_{\text{out}, R, +}}{\varepsilon_R} \right|^2 \right)$ [参数选取：$\omega_m = \omega_q = 2\pi \times 100\text{MHz}$，$\langle \sigma_z \rangle = -0.99$，

$\kappa = 2\pi \times 2\text{MHz}$，$\gamma_m = \gamma_a = \kappa$ 和 $g_a^2 = \dfrac{GG^*}{2} - \kappa^2$]

接着讨论在光力诱导吸收下探测光场的能量如何分布的问题。首先，定义光学腔内探测光子数 $\tilde{c}$、力学振子的力学激发 $\tilde{b}$ 和二能级量子比特激发 $\tilde{\sigma}$ 的表达式：

$$\tilde{c} \equiv \xi \left| c_+ \right|^2$$
$$\tilde{b} \equiv \xi \left| b_+ \right|^2 \qquad (5.21)$$
$$\tilde{\sigma} \equiv \xi \left| \sigma_{-, +} \right|^2$$

式(5.21)中，$\xi = \dfrac{4\kappa^2}{\left| \varepsilon_L \right|^2 + \left| \varepsilon_R \right|^2}$，$c_+$ 用式(5.18)来表示，b_+ 和 $\sigma_{-, +}$ 用式(5.8)来表示。

在图5.7中，以 $\dfrac{x}{\kappa}$ 为横坐标，选取不同的有效辐射压强度 G（即 $G = 4\kappa$ 和 $G = 6\kappa$），

分别绘制光腔内探测光子数 $\tilde{c}$、力学振子的力学激发 $\tilde{b}$ 和二能级量子比特激发 $\tilde{\sigma}$。

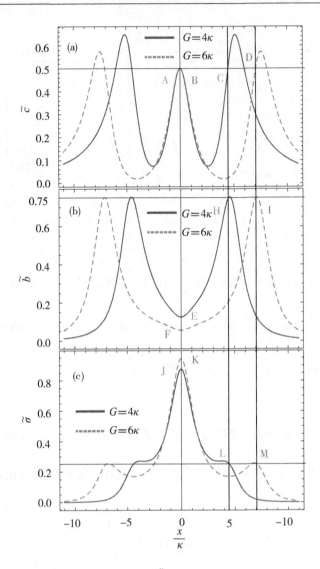

图 5.7 选取不同的 G（即 $G = 4\kappa$ 和 $G = 6\kappa$），以 $\dfrac{x}{\kappa}$ 为横坐标，在图 5.7(a) 中，绘制腔内探测光子数 $\tilde{c}$

[其中，A(0, 0.5)、B(0, 0.5)、C(4.472, 0.499946)、D(7.071, 0.49998)]；在图 5.7(b)

中，绘制力学振子的力学激发 $\tilde{b}$ [其中，E(0, 0.125)、H(4.472, 0.749989)、F(0, 0.5556)、

I(7.071, 0.749996)]；在图 5.7(c) 中，绘制二能级量子比特激发 $\tilde{\sigma}$ [其中，J(0, 0.875)、

L(4.472, 0.250011)、K(0, 0.94444)、M(7.071, 0.250004)]。其他参数取值与图 5.6 中参数

取值一致

在表 5.1 中，选取不同的有效辐射压强度 G（即 $G = 2\kappa$、2.5κ、4κ、6κ 和 8κ），分别

地，在 $x = 0$ 和 $x_{\pm} = \pm\sqrt{\dfrac{3}{2}G^2 - 4\kappa^2}$ 处计算光腔内探测光子数 $\tilde{c}$，力学振子的力学激发 $\tilde{b}$ 和

二能级量子比特激发 $\tilde{\sigma}$。比较图 5.7 和表 5.1 中相关内容可知,当选取不同有效辐射压强度 G 时,在 3 个不同光力诱导吸收通道位置($x=0$ 和 $x_\pm = \pm \sqrt{\frac{3}{2}G^2 - 4\kappa^2}$),力学振子力学激发与二能级量子比特激发之和为 1(即 $\tilde{b}+\tilde{c}=1$),光腔内探测光子数约为 0.5(即 $\tilde{c} \approx 0.5$)。也就是说,力学振子力学激发与二能级量子比特激发的总和是腔内探测光子数的两倍。此外,从表 5.1 中第 II 部分可知,光腔内探测光子数 $\tilde{c}$(力学振子力学激发 $\tilde{b}$ 或者二能级量子比特激发 $\tilde{\sigma}$)在两个不同通道 $x_+ = \sqrt{\frac{3}{2}G^2 - 4\kappa^2}$ 和 $x_+ = \sqrt{\frac{3}{2}G^2 - 4\kappa^2}$ 处都是相同的。

表 5.1　选取不同 G 的值(即 $G=2\kappa$、2.5κ、4κ、6κ 和 8κ),第 I 部分表示在通道 $x=0$ 位置的取值,第 II 部分表示另外两个通道 $x_\pm = \pm \sqrt{\frac{3}{2}G^2 - 4\kappa^2}$ 位置的取值。其他参数的选取与图 5.7 中参数的选取是一致的

	$\dfrac{x}{\kappa}$	$\dfrac{G}{\kappa}$	$\tilde{c}$	$\tilde{b}$	$\tilde{\sigma}$	$\tilde{b}+\tilde{\sigma}$
	0	2	0.5	0.5	0.5	1
	0	2.5	0.5	0.32	0.68	1
I	0	4	0.5	0.125	0.875	1
	0	6	0.5	0.05556	0.94444	1
	0	8	0.5	0.03125	0.96875	1
	±1.414	2	0.499925	0.749962	0.250038	1
	±2.318	2.5	0.49981	0.749945	0.250055	1
II	±4.472	4	0.499946	0.749989	0.250011	1
	±7.071	6	0.49998	0.749996	0.250004	1
	±9.592	8	0.499986	0.749998	0.250002	1

5.3.4　左侧(右侧)探测场和外加驱动场共同作用下光力诱导吸收

在图 5.8 中,以 $\dfrac{x}{\kappa}$ 为横坐标,选取不同 ϕ 值,绘制归一化输出探测光子数 $\left|\dfrac{\varepsilon_{\text{out},L+}}{\varepsilon_L}\right|^2 \left(\left|\dfrac{\varepsilon_{\text{out},R+}}{\varepsilon_R}\right|^2\right)$。当 $\phi=1$ 时,在横坐标 $x=0$ 的附近,只有一个光力诱导吸收通道

（如图中实线所示）。然而，当 $\phi = i$（如图中虚线所示）和 $\phi = -i$（如图中点虚线所示）时，出现 3 个光力诱导吸收通道。具体来说，当 $\phi = -i$ 时，3 个光力诱导吸收通道分别是 $x = 0$ 和 $x_{\pm} = \pm 6.6343$。此外，当 $\phi = i$ 时，3 个光力诱导吸收通道分别是 $x = 0$ 和 $x_{\pm} = \pm 7.48389$。因此，相位 ϕ 对光力诱导吸收通道数目和位置有重要影响。

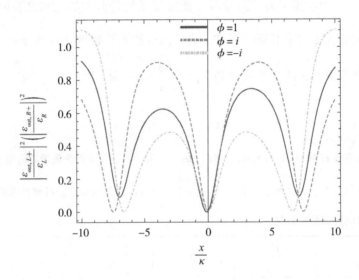

图 5.8　在 $\varepsilon_L = \varepsilon_p$、$\varepsilon_R = \varepsilon_p$ 和 $\varepsilon_b = \eta\varepsilon_p (\eta = 0.5)$ 下，以 $\dfrac{x}{\kappa}$ 为横坐标，选取不同的 ϕ，绘制输出光场光子数 $\left| \dfrac{\varepsilon_{\text{out}, L+}}{\varepsilon_L} \right|^2 \left(\left| \dfrac{\varepsilon_{\text{out}, R+}}{\varepsilon_R} \right|^2 \right)$（参数选取：$G = 6\kappa$，其余参数与图 5.6 中的参数相同）

5.4　本章小结

本章中的混合光力学系统包括二能级量子比特、力学振子和光学腔，具体研究光力诱导透明、光力诱导放大和光力诱导吸收现象。具体来说，二能级量子比特和光学腔场之间不存在耦合作用，而二能级量子比特与力学振子之间耦合作用用 Jaynes-Cummings 哈密顿量表示，光学腔场与力学振子的耦合作用用辐射压力哈密顿量来描述。此外，两个弱的探测场分别作用到光学腔的左、右两侧时，辅助驱动场用来驱动力学振子。

在可解边带条件下，当只有一个弱探测场作用到光学腔时，二能级量子比特和力学振子之间没有耦合作用，会出现单光力诱导透明窗口 dip。如果二能级量子比特和力学振子之间存在耦合作用，则会出现双光力透明窗口 dips。力学振子与二能级量子比特之间耦合作用产生力学缀饰模式，随着二能级量子比特和力学振子之间耦合强度的增加，两个透明窗口 dips 的间距随之增大。

当只用一个左侧的探测场驱动光腔场,并用另外一个外加驱动场作用到力学振子上时,由于力学缀饰模式作用,导致两个透明窗口 dips 为负值,出现光力诱导放大现象。此外,当有两个弱的探测场同时分别作用到光学腔的左、右两侧时,选取合适的参数值,能够获得光力诱导吸收现象。具体来说,当有效辐射压耦合强度为 $G = \sqrt{\dfrac{8}{3}}\kappa$ 时,只有一个光力诱导吸收通道;而当 $G > \sqrt{\dfrac{8}{3}}\kappa$ 时,有 3 个光力诱导吸收通道。最后,讨论混合光力学系统中探测场能量分布问题,在 3 个不同光力诱导吸收通道上,发现力学振子的力学激发与二能级量子比特的力学激发之和总是光腔内探测光子数的两倍。我们还发现辅助驱动场的相位对光力诱导吸收通道的个数和出现的位置有重要影响。

◎ 本章参考文献

[1] Wang H, Gu X, Liu Y X, et al. Optomechanical analog of two-color electromagnetically induced transparency: Photon transmission through an optomechanical device with a two-level system[J]. Phys. Rev. A, 2014, 90(2): 023817.

[2] Sohail A, Zhang Y, Zhang J, et al. Optomechanically induced transparency in multi-cavity optomechanical system with and without one two-level atom[J]. Sci. Rep., 2016, 6: 28830.

[3] Agarwal G S, Huang S. Nanomechanical inverse electromagnetically induced transparency and confinement of light in normal modes[J]. New J. Phys., 2014, 16(3): 033023.

[4] Yang Q, Hou B P, Lai D G. Local modulation of double optomechanically induced transparency and amplification[J]. Opt. Express, 2017, 25(9): 9697-9711.

[5] Wu Q, Zhang J Q, Wu J H, et al. Tunable multi-channel inverse optomechanically induced transparency and its applications[J]. Opt. Express, 2015, 23(14): 18534-18547.

[6] You J Q, Nori F. Atomic physics and quantum optics using superconducting circuits[J]. Nature, 2011, 474(7353): 589-597.

[7] You J Q, Nori F. Superconducting circuits and quantum information[J]. Phys. Today, 2005, 58(11): 42-47.

[8] He Q, Badshah F, Zhang H, et al. Novel transparency, absorption and amplification in a driven optomechanical system with a two-level defect[J]. Laser Phys. Lett., 2019, 16(3): 35202.

［9］Ramos T, Sudhir V, Stannigel K, et al. Nonlinear quantum optomechanics via individual intrinsic two-level defects［J］. Phys. Rev. Lett., 2013, 110(19)：193602.

［10］Jia W Z, Wei L F, Li Y, et al. Phase-dependent optical response properties in an optomechanical system by coherently driving the mechanical resonator［J］. Phys. Rev. A, 2015, 91(4)：043843.

［11］Xiong W, Jin D Y, Qiu Y Y, et al. Cross-Kerr effect on an optomechanical system［J］. Phys. Rev. A, 2016, 93(2)：023844.

［12］Gong Z R, Ian H, Liu Y X, et al. Effective Hamiltonian approach to the Kerr nonlinearity in an optomechanical system［J］. Phys. Rev. A, 2009, 80(6)：065801.

［13］Agarwal G S, Huang S. Optomechanical systems as single-photon routers［J］. Phys. Rev. A, 2012, 85(2)：021801.

［14］Genes C, Vitali D, Tombesi P, et al. Ground-state cooling of a micromechanical oscillator: Comparing cold damping and cavity-assisted cooling schemes［J］. Phys. Rev. A, 2008, 77(3)：033804.

［15］Agarwal G S, Huang S. Electromagnetically induced transparency in mechanical effects of light［J］. Phy. Rev. A, 2010, 81(4)：041803.

［16］Weis S, Riviere R, Deleglise S, et al. Optomechanically induced transparency［J］. Science, 2010, 330(6010)：1520-1523.

［17］Walls D F, Milburn G J. Quantum Optics［M］. Berlin：Springer-Verlag, 1994.

［18］Huang S, Agarwal G S. Electromagnetically induced transparency from two phonon processes in quadratically coupled membranes［J］. Phys. Rev. A, 2011, 83(2)：023823.

［19］Zhang X Y, Zhou Y H, Guo Y Q, et al. Optomechanically induced transparency in optomechanics with both linear and quadratic coupling［J］. Phys. Rev. A, 2018, 98(5)：053802.

［20］Huang S, Agarwal G S. Reactive-coupling-induced normal mode splittings in microdisk resonators coupled to waveguides［J］. Phys. Rev. A, 2010, 81(5)：053810.

［21］Kolchin P, Du S, Belthangady C, et al. Generation of narrow-bandwidth paired photons: Use of a single driving laser［J］. Phys. Rev. Lett., 2006, 97(11)：113602.

［22］Orszag M. Quantum Optics［M］. Berlin：Springer-Verlag, 2016.

［23］Sun X J, Chen H, Liu W X, et al. Optical-response properties in an atom-assisted optomechanical system with a mechanical pump［J］. J. Phys. B：At. Mol. Opt. Phys., 2017, 50(10)：105503.

［24］Ma P C, Zhang J Q, Xiao Y, et al. Tunable double optomechanically induced transparency in an optomechanical system［J］. Phys. Rev. A, 2014, 90(4): 043825.

［25］Wang H, Wang Z, Zhang J, et al. Phonon amplification in two coupled cavities containing one mechanical resonator［J］. Phys. Rev. A, 2014, 90(5): 053814.

［26］Grudinin I S, Lee H, Painter O, et al. Phonon laser action in a tunable two-level system ［J］. Phys. Rev. Lett., 2010, 104(8): 083901.

第 6 章　辅助二能级原子系综的非线性光力学系统正交模式劈裂与光场压缩

6.1　概述

腔光力学主要处理光场与机械谐振腔之间的相互作用[1-5]。目前已有一些有趣的研究，包括光力诱导透明[6-13]、高阶边带产生[14,15]、纠缠[16-19]、力学传感[20,21]、正交模式劈裂[22-37]、压缩[38-53]等现象。腔光力学因其在精确测量[54-56]和量子信息处理[57-59]方面的广泛应用而得到迅速发展。

正模模式劈裂是光力学系统中强耦合作用的证据，在量子信息科学中进行了广泛的研究[22-37]。对于光学腔中放置一个原子的情况，正模模式劈裂被看作光学腔中光子与机械谐振子强耦合作用的证据。Huang 等研究了腔内的光学参数放大器增益改变对可移动腔镜和光学腔场之间正交模式劈裂的影响[28]。具体来说，由于光学腔内存在光学参数放大器，导致光学腔内光子数的增加，随着光学参数放大器增益的增加，光谱中的双峰变得更大[28]。Shahidani 等[35]分析了具有克尔介质下转换的非线性晶体对振荡端镜的动力学，以及传播场强度和压缩谱的重要影响。类似地，Wu 等研究发现，相比于传统产生正交模式劈裂的方式，在光力学系统中辅助原子系综能够更加容易地实现正交模式劈裂[36]。进一步研究发现，当泵浦场涨落接近于相位敏感反馈回路的不稳定阈值时，在室温下弱耦合作用的光力学系统中也能够实现正交模式劈裂[37]。

在光力学系统中，传输场的压缩谱[38-53]也是一个重要的研究领域。实验中利用有质动力的压缩光能够容易产生压缩光，其包括许多令人感兴趣的实际应用，如频率噪声消除[43]、运动量子噪声的压缩[45]、光的压缩转移[53]等。在这方面，Collett 和 Walls 研究发现在非线性光学腔系统中，输出光场的完美压缩是可能实现的[38]。在另一项研究中，已经证明具有振荡端镜的线性法布里-玻罗腔可以用于量子降噪[39]。同样地，在两种不同的腔光力学系统中，破坏性相干作用会产生相位和频率噪声抵消机制，可以研究兆赫的频率范围内有质动力的压缩光情况[43]。进一步研究中，Xiao 等提出在利用外部光场来驱动的原子系综的光力学系统中，能够实现可操控的光力诱导透明和有质动力的压缩光[44]。Sainadh 等[48]研究了在传统光力学系统中，平方光力耦合作用对系统稳定性和光学正交压缩的影响。类似地，在光力学系统中，学者提出一种有效的方法用来产生高阶边带谱的正交压缩，研究表明控制光场的二阶非线性强度和频率失谐，能够改变高阶边带的振幅，并且可以改善其频谱的压缩[53]。

本章在含有简并光学参数放大器和含有 N 个二能级冷原子系综的混合光力学系统，研究了可移动腔镜的位移光谱和光学正交光场的压缩谱。在满足 Routh-Hurwitz 标准的条件下，该系统是稳定的，能够实现光学压缩程度的优化[60]。本章研究了系统相关参数的改变，包括光学参数放大器的非线性增益，原子系综与光学腔场的耦合作用，温度，泵浦场的功率，以及原子系综与外部驱动场之间的有效耦合强度，对于可移动腔镜的位移谱和光学腔的压缩谱的影响。结果表明，随着光学参数放大器非线性增益的增加，位移谱中正交模式劈裂的峰与峰之间的间距和光学腔中压缩谱的压缩程度都增大。在同时包含光学参数放大器和二能级原子系综的混合光力学系统中，由于腔内光子数的增加，光谱的压缩程度要大于只包含光学参数放大器（或者原子系综）光力学系统的压缩光谱的情况。此外，当温度降低时，机械热噪声随之降低，导致压缩谱中的峰值消失。

6.2 理论模型

在图 6.1 中，我们考虑了由光机械腔、简并光学参数放大器和 N 个二能级冷原子组成的混合光力学系统[28,61]。该光学腔由一个固定的部分透射镜和一个可移动的完美反射镜组成，可移动的腔镜相当于一个量子谐振子，其质量为 m，频率为 ω_m。在这里，可移动腔镜与光腔场之间的相互作用是光辐射压力耦合作用，频率为 ω_c 的光学腔被一个强的泵浦光场驱动。此外，N 个二能级冷原子组成原子系综被囚禁在光学腔中，原子系综和光学腔场之间产生强耦合作用，并通过集体原子激发的方式来存储和传递量子信息[62-65]。在实验中，该系统包含光学参数放大器和 Rb87 原子蒸气[62,66,67]。具体地说，电磁场的压缩态是在下阈值光学参量振荡器中的简并参数转换下产生的。

该混合光力学系统的哈密顿量表示为

$$
\begin{aligned}
H = {} & \hbar \omega_c c^{\dagger} c + \frac{\hbar \omega_m}{4}(P^2 + Q^2) - \hbar \omega_m \chi c^{\dagger} c Q + \\
& \hbar \omega_a \sum_j \sigma_j^z + \hbar g \sum_{i=1}^{N}(\sigma_j^+ c + \sigma_j^- c^{\dagger}) + i \hbar \varepsilon_l (c^{\dagger} e^{-i\omega_l t} - c e^{i\omega_l t}) + \\
& \hbar \Omega \sum_{i=1}^{N}(\sigma_j^+ e^{-i\omega_l t} + \sigma_j^- e^{i\omega_l t}) + i \hbar G_{\mathrm{opa}}(e^{i\theta} c^{\dagger 2} e^{-2i\omega_l t} - e^{-i\theta} c^2 e^{2i\omega_l t})
\end{aligned}
\tag{6.1}
$$

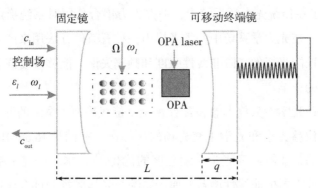

图 6.1　混合光力学系统包括光力学腔、光学参数放大器和 N 个二能级原子系综

式中，Q 和 P 是可移动振子无量纲位移和动量算符，其满足 $Q = \sqrt{\dfrac{2m\omega_m}{\hbar}}q$ 和 $P = \sqrt{\dfrac{2}{m\hbar\omega_m}}p$，光学腔场和可移动力学振子之间的耦合参数为 $\chi = \dfrac{1}{\omega_m} \cdot \dfrac{\omega_c}{L}\sqrt{\dfrac{\hbar}{2m\omega_m}}$。$N$ 个相同的二能级原子之间有相同的转换频率为 ω_a，其中第 j 个二能级原子的泡利算符为 $\sigma_j^z = |a_j\rangle\langle a_j|$，$\sigma_j^+ = |a_j\rangle\langle b_j|$ 和 $\sigma_j^- = |b_j\rangle\langle a_j|$。一个泵浦场(其频率为 ω_l，输入功率为 P_l，幅值为 $\varepsilon_l = \sqrt{\dfrac{2\kappa P_l}{\hbar\omega_l}}$)与光学腔相互作用，另一个可操控的控制场(其拉比频率为 Ω)与原子系综相互作用。类似地，光学参数放大器的非线性参数为 G_{opa}，和驱动场的相位角为 θ[68-70]。

接下来，利用 Holstein-Primakoff(H-P)转换方法[71]，我们重新定义原子系综的集体算符 A 和 $A^\dagger$，表示为

$$A = \lim_{N\to\infty}\sum_{j=1}^{N}\frac{\sigma_j^-}{\sqrt{N}}$$

$$A^\dagger = \lim_{N\to\infty}\sum_{j=1}^{N}\frac{\sigma_j^+}{\sqrt{N}}$$

(6.2)

二能级原子系综的集体算符 A 和 $A^\dagger$ 满足对易关系 $[A, A^\dagger] = 1$ 和低激发极限 $\langle A^\dagger A\rangle/N \ll 1$[56,58]。

利用式(6.2)，此混合光力学系统的哈密顿量变换为

$$
\begin{aligned}
H = {} & \hbar\omega_c c^\dagger c + \frac{\hbar\omega_m}{4}(P^2 + Q^2) - \hbar\omega_m\chi c^\dagger cQ + \hbar\omega_a A^\dagger A + \\
& \hbar G_{\text{atom}}(A^\dagger c + Ac^\dagger) + i\hbar\varepsilon_l(c^\dagger e^{-i\omega_l t} - ce^{i\omega_l t}) + \\
& \hbar\Gamma(A^\dagger e^{-i\omega_l t} + Ae^{i\omega_l t}) + i\hbar G_{\text{opa}}(e^{i\theta}c^{\dagger 2}e^{-2i\omega_l t} - e^{-i\theta}c^2 e^{2i\omega_l t})
\end{aligned}
$$

(6.3)

式中，$G_{atom} = \sqrt{N}g$，是光腔场与原子系综之间的有效耦合强度；$\Gamma = \sqrt{N}\Omega$，是原子系综与外部驱动场之间的有效耦合强度。

在旋转表象下，利用幺正变换 $U = \exp[-i\omega_l(c^\dagger c + A^\dagger A)t]$，式(6.3)中的系统哈密顿量被重新写为

$$H = U^\dagger H U - i\hbar U^\dagger\left(\frac{\partial U}{\partial t}\right)$$

$$= \hbar\Delta_c c^\dagger c + \frac{\hbar\omega_m}{4}(P^2 + Q^2) - \hbar\omega_m\chi c^\dagger c Q + \hbar\Delta_a A^\dagger A + \hbar G_{atom}(A^\dagger c + Ac^\dagger) +$$

$$i\hbar\varepsilon_l(c^\dagger - c) + \hbar\Gamma(A^\dagger + A) + i\hbar G_{opa}(e^{i\theta}c^{\dagger 2} - e^{-i\theta}c^2) \tag{6.4}$$

其中，$\Delta_c = \omega_c - \omega_l$，$\Delta_a = \omega_a - \omega_l$。

接下来，把算符衰减项和涨落噪声项引入此系统中，得到有关算符的量子朗之万方程[57]：

$$\dot{Q} = \omega_m P$$

$$\dot{P} = 2\omega_m\chi c^\dagger c - \omega_m Q - \gamma_m P + \xi$$

$$\dot{c} = -i(\Delta_c - \omega_m\chi Q)c - \kappa c + \varepsilon_l - iG_{atom}A + 2G_{opa}e^{i\theta}c^\dagger + \sqrt{2\kappa}c_{in}$$

$$\dot{A} = -(i\Delta_a + \gamma_a)A - i\Gamma - iG_{atom}c + \sqrt{2\gamma_a}A_{in}$$

$$\tag{6.5}$$

式中，P，Q，ω_m 和 γ_m 分别是力学振子的动量、坐标、频率和衰减率；光学腔场的衰减率为 κ；原子系综的衰减率为 γ_a。

接下来，在式(6.5)中，光力学系统中每个算符 $O(O \in \{Q, P, c, A\})$ 包括稳态平均值 O_s 和其相应的算符涨落 δO，其满足：

$$\langle O \rangle = O_s + \delta O \tag{6.6}$$

根据式(6.5)，得到混合光力学系统的算符稳态平均值为

$$P_s = 0$$

$$c_s = \frac{M}{S}$$

$$Q_s = 2\chi c_s^* c_s$$

$$A_s = -\frac{i(c_s G_{atom} + \Gamma)}{(\gamma_a + i\Delta_a)}$$

$$\tag{6.7}$$

在这里，相关参数满足：

$$M = - G_{\text{atom}}^3 \Gamma + \varepsilon_l (\gamma_a + \mathrm{i}\Delta_a) [G_{\text{atom}}^2 + (\gamma_a - \mathrm{i}\Delta_a)(2G_{\text{opa}} \mathrm{e}^{\mathrm{i}\theta} - \mathrm{i}\Delta + \kappa)] -$$

$$G_{\text{atom}} \Gamma [2G_{\text{opa}} \mathrm{e}^{\mathrm{i}\theta} (\gamma_a + \mathrm{i}\Delta_a) + (\gamma_a - \mathrm{i}\Delta_a)(-\mathrm{i}\Delta + \kappa)]$$

和 $$S = G_{\text{atom}}^4 + 2G_{\text{atom}}^2 (\gamma_a \kappa - \Delta \Delta_a) - (\gamma_a^2 + \Delta_a^2)(4G_{\text{opa}}^2 - \Delta^2 - \kappa^2)$$

此外，系统算符涨落的线性朗之万方程为

$$\dot{\delta Q} = \omega_m \delta P$$

$$\dot{\delta P} = 2\omega_m \chi (c_s \delta c^\dagger + c_s^* \delta c) - \omega_m \delta Q - \gamma_m \delta P + \xi$$

$$\dot{\delta c} = -(\mathrm{i}\Delta + \kappa)\delta c + \mathrm{i}\omega_m \chi c_s \delta Q - \mathrm{i}G_{\text{atom}} \delta A + 2G_{\text{opa}} \mathrm{e}^{\mathrm{i}\theta} \delta c^\dagger + \sqrt{2\kappa} \delta c_{\text{in}}$$

$$\dot{\delta A} = -(\mathrm{i}\Delta_a + \gamma_a)\delta A - \mathrm{i}G_{\text{atom}} \delta c + \sqrt{2\gamma_a} \delta A_{\text{in}}$$

(6.8)

式中，$\Delta = \omega_c - \omega_l - \omega_m \chi Q_s$。进一步地，引入输入真空噪声算符 c_{in} 和 A_{in}，其在时域上服从下列关联函数[72]：

$$\langle \delta c_{\text{in}}(t) \delta c_{\text{in}}^\dagger(t') \rangle = \delta(t - t')$$

$$\langle \delta c_{\text{in}}(t) \delta c_{\text{in}}(t') \rangle = 0$$

$$\langle \delta c_{\text{in}}^\dagger(t) \delta c_{\text{in}}(t') \rangle = 0$$

$$\langle \delta A_{\text{in}}(t) \delta A_{\text{in}}^\dagger(t') \rangle = \delta(t - t')$$

$$\langle \delta A_{\text{in}}(t) \delta A_{\text{in}}(t') \rangle = 0$$

$$\langle \delta A_{\text{in}}^\dagger(t) \delta A_{\text{in}}(t') \rangle = 0$$

(6.9)

在温度 T 条件下，由可移动腔镜与热库耦合作用产生的布朗噪声算符 ξ 满足关联函数如下：

$$\langle \xi(t) \xi(t') \rangle = \frac{1}{2\pi} \int \left(\frac{2\gamma_m \omega}{\omega_m} \right) \mathrm{e}^{-\mathrm{i}\omega(t-t')} \times \left[\coth\left(\frac{\hbar\omega}{2k_B T} \right) + 1 \right] \mathrm{d}\omega \qquad (6.10)$$

式中，k_B 是玻尔兹曼常数；T 是热库温度。

利用傅里叶变换 $F(\omega) = \int_{-\infty}^{+\infty} f(t) \mathrm{e}^{\mathrm{i}\omega t} \mathrm{d}t$ 和 $\delta F^\dagger(\omega) = [\delta F(-\omega)]^\dagger$，在频域内，通过求解公式(6.8)，可移动力学振子的位移涨落表示为

$$\delta Q(\omega) = Z_1(\omega)\xi(\omega) + Z_2(\omega)\delta A_{\text{in}}(\omega) + Z_3(\omega)\delta A_{\text{in}}^\dagger(\omega) + Z_4(\omega)\delta c_{\text{in}}(\omega) + Z_5(\omega)\delta c_{\text{in}}^\dagger(\omega)$$

(6.11)

在这里，其参数满足：

$$Z_1(\omega) = \frac{F_a(\omega)}{d(\omega)}, \quad Z_2(\omega) = \frac{F_b(\omega)}{d(\omega)},$$

$$Z_3(\omega) = \frac{F_c(\omega)}{d(\omega)}, \quad Z_4(\omega) = \frac{F_d(\omega)}{d(\omega)}, \quad Z_5(\omega) = \frac{F_e(\omega)}{d(\omega)}$$

(6.12)

其中，参数 $F_a(\omega)$，$F_b(\omega)$，$F_c(\omega)$，$F_d(\omega)$，$F_e(\omega)$ 和 $d(\omega)$ 的具体形式详见附录 A 中的式(A.1)。

接下来，可移动腔镜的位移谱[73]定义为

$$S_Q(\omega) = \frac{1}{4\pi}\int e^{-i(\omega+\omega')t}d\omega' \times \langle \delta Q(\omega)\delta Q(\omega') + \delta Q(\omega')\delta Q(\omega) \rangle \tag{6.13}$$

利用式(6.9)和式(6.10)，位移谱 $S_Q(\omega)$ 表示为

$$S_Q(\omega) = \frac{1}{2}\left[Z_2(\omega)Z_3(-\omega) + Z_3(\omega)Z_2(-\omega) + Z_4(\omega)Z_5(-\omega) + Z_5(\omega)Z_4(-\omega) \right]$$

$$+ \left(\frac{2\gamma_m\omega}{\omega_m}\right)Z_1(\omega)Z_1(-\omega)\coth\left(\frac{\hbar\omega}{2k_BT}\right) \tag{6.14}$$

在式(6.14)中，可移动腔镜的位移谱 $S_Q(\omega)$ 的大小取决于热噪声 ξ、光腔场与可移动腔镜之间的耦合作用，以及光腔场与原子系综之间的耦合相互作用。

根据式(6.8)，光学腔场算符的涨落 $\delta c(\omega)$ 表示为

$$\delta c(\omega) = Y_1(\omega)\xi(\omega) + Y_2(\omega)\delta A_{in}(\omega) + Y_3(\omega)\delta A_{in}^\dagger(\omega) + Y_4(\omega)\delta c_{in}(\omega) + Y_5(\omega)\delta c_{in}^\dagger(\omega)$$

$$\tag{6.15}$$

在这里，参数 $Y_1(\omega)$，$Y_2(\omega)$，$Y_3(\omega)$，$Y_4(\omega)$ 和 $Y_5(\omega)$ 满足：

$$Y_1(\omega) = \frac{E_a(\omega)}{d_g(\omega)}, \quad Y_2(\omega) = \frac{E_b(\omega)}{d_g(\omega)},$$

$$Y_3(\omega) = \frac{E_c(\omega)}{d_g(\omega)}, \quad Y_4(\omega) = \frac{E_d(\omega)}{d_g(\omega)}, \quad Y_5(\omega) = \frac{E_e(\omega)}{d_g(\omega)} \tag{6.16}$$

其中，$E_a(\omega)$，$E_b(\omega)$，$E_c(\omega)$，$E_d(\omega)$，$E_e(\omega)$ 和 $d_g(\omega)$ 的具体形式详见附录 A 中的式(A.3)。

根据输入-输出关系[74]，得到输出光场 $c_{out}(t)$ 的表达式：

$$c_{out}(t) = \sqrt{2\kappa}c(t) - c_{in}(t) \tag{6.17}$$

利用式(6.15)和式(6.17)，光学输出光场的涨落算符 $\delta c_{out}(\omega)$ 表示为

$$\delta c_{out}(\omega) = \sqrt{2\kappa}Y_1(\omega)\xi(\omega) + \sqrt{2\kappa}Y_2(\omega)\delta A_{in}(\omega)$$

$$+ \sqrt{2\kappa}Y_3(\omega)\delta A_{in}^\dagger(\omega) + (\sqrt{2\kappa}Y_4(\omega) - 1)\delta c_{in}(\omega) + \sqrt{2\kappa}Y_5(\omega)\delta c_{in}^\dagger(\omega)$$

$$\tag{6.18}$$

接下来，定义输出正交算符的傅里叶变换形式 $\delta x_\phi^{out}(\omega)$ 为

$$\delta x_\phi^{out}(\omega) = e^{-i\phi}\delta c_{out}(\omega) + e^{i\phi}\delta c_{out}^\dagger(\omega) \tag{6.19}$$

式中，ϕ 是可操控的正交相位角[75]。利用式(6.18)，透射光场的正交噪声谱 $S_\phi(\omega)$ 定义为

$$S_\phi(\omega) = \frac{1}{4\pi}\int \langle \delta x_\phi^{out}(\omega')\delta x_\phi^{out}(\omega) + \delta x_\phi^{out}(\omega)\delta x_\phi^{out}(\omega')\rangle \times e^{-i(\omega+\omega')t}d\omega' \qquad (6.20)$$

根据式(6.18)~式(6.20)，透射光场的正交噪声谱 $S_\phi(\omega)$ 定义为

$$S_\phi(\omega) = e^{-2i\phi}S_{aa}^{out}(\omega) + e^{2i\phi}S_{aa}^{out*}(\omega) + S_{a^\dagger a}^{out}(\omega) + S_{aa^\dagger}^{out}(\omega) \qquad (6.21)$$

式中，参数 $S_{aa}^{out}(\omega)$，$S_{aa}^{out*}(\omega)$，$S_{a^\dagger a}^{out}(\omega)$ 和 $S_{aa^\dagger}^{out}(\omega)$ 见附录 A 中的式(A.5)。

当满足 $\dfrac{dS_\phi(\omega)}{d\phi} = 0$ 时，选择最优化的参数 ϕ_{opt}，其满足下式：

$$e^{2i\phi_{opt}} = -\frac{S_{aa}^{out}(\omega)}{|S_{aa}^{out}(\omega)|} \qquad (6.22)$$

利用式(6.21)和式(6.22)，得到优化后的正交压缩谱 $S_{opt}(\omega)$ 的表达式：

$$S_{opt}(\omega) = -2|S_{aa}^{out}(\omega)| + S_{a^\dagger a}^{out}(\omega) + S_{aa^\dagger}^{out}(\omega) \qquad (6.23)$$

需要指出的是，当 $S_{opt}(\omega) = 1$ 时，相干场或者真空场的波动谱出现；而当 $S_{opt}(\omega) < 1$ 时，满足压缩光场的条件。

6.3　结果分析与讨论

本节利用数值分析的方法，来讨论可移动腔镜的位移谱和优化的正交压缩谱的问题。选取的系统参数与早期工作中有关光学参数放大器和二能级原子系综工作中的参数相一致[28,36,66,76]。具体来说，参数的选取为：光学腔的长度 $L = 25mm$，光学腔的频率 $\omega_c = 1.77\times10^{15}Hz$，可移动腔镜的频率 $\omega_m = 2\pi\times947\times10^3Hz$，可移动腔镜的质量 $m = 145ng$，可移动腔镜的衰减率 $\gamma_m = \dfrac{\omega_m}{6700}Hz$，光学腔场的衰减率 $\kappa = 2\pi\times215\times10^3Hz$，泵浦场的波长 $\lambda_l = 1064nm$，二能级原子系综的衰减率 $\gamma_a = 2\pi\times400Hz$，且满足共振条件 $\Delta = \omega_m$ 和 $\Delta_a = 2\gamma_a$。

6.3.1　移动腔镜的位移谱：正交模式劈裂

在理论上，我们计算正交模式劈裂的可移动腔镜位移谱 $S_Q(\omega)$。在图 6.2 中，对于不同的光学参数放大器增益 G_{atom} 和原子系综耦合强度 G_{opa}，研究可移动腔镜无量纲的位移谱 $(S_Q(\omega)\gamma_m)$ 随着归一化频率 (ω/ω_m) 的变化。对于 $G_{atom} = 0$ 和 $G_{opa} = 0$(用 1 号线表示)，可以看到只有一个峰值(也就是没有正交模式劈裂出现)。对于 $G_{atom} = 0$ 和 $G_{opa} = \kappa$ 的情况(用 2 号线来表示)，在位移谱中可以观察到两个峰，即出现正交模式劈裂现象；随着光学参数放大器的增益参数 G_{opa} 变大，对于 $G_{opa} = 1.45\kappa$ 时(如 3 号线所示)的正交模式劈裂双峰之间的间距要比 $G_{opa} = \kappa$ 时(用 2 号线来表示)的正交模式劈裂双峰之间的间距大。从物理上来说，随着光学参数放大器的增益参数 G_{opa} 的增加，光腔中光子数目随之增加，不仅导

致可移动腔镜与光学腔之间的相互作用增强，而且会影响光场能量与机械振子能量之间转移速率的增加[76]。在这里，对于 $G_{atom} = 0$ 和 $G_{opa} = 0$($G_{opa} = \kappa$ 或者 $G_{opa} = 1.45\kappa$)的情况，光学腔场内的光子数 $|c_s|^2$ 分别为 2.684×10^9，3.007×10^9 和 5.655×10^9 [28,36]。具体来说，对于 $G_{atom} = 0$ 和 $G_{opa} = \kappa$ 的情况(用 2 号线来表示)，位移谱的峰值大约为 4.2×10^{-3}。此外，对于 $G_{opa} = 0$ 和 $G_{atom} = 0.05\kappa$(用 4 号线来表示)的情况，也会出现正交模式劈裂现象。然而，随着原子系综耦合强度 G_{atom} 的增加，对于 $G_{opa} = 0$ 和 $G_{atom} = 0.15\kappa$(用 5 号线来表示)的情况，位移谱中只有一个峰(即正交模式劈裂现象消失)。进一步，当同时考虑光学参数放大器增益 $G_{opa} = 1.45\kappa$ 和原子系综耦合强度 $G_{atom} = 0.15\kappa$ 的影响时(如 6 号线所示)，正交模式劈裂的双峰谱又会出现。换句话说，在合适的参数条件下，当光学参数放大器增益为 $G_{opa} = 1.45\kappa$ 和原子系综耦合强度为 $G_{atom} = 0.15\kappa$ 时(如 6 号线所示)，位移谱的双峰之间的间距要远远大于只有原子系综耦合强度作用($G_{opa} = 0$ 和 $G_{atom} = 0.05\kappa$)时双峰之间的间距(如 4 号线所示)，也远远大于只有光学参数放大器增益存在($G_{opa} = 1.45\kappa$ 和 $G_{atom} = 0$)时双峰之间的间距(如 3 号线所示)。

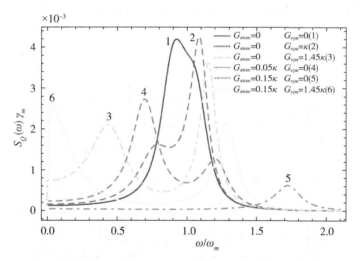

图 6.2 对于不同的光学参数放大器增益 G_{atom} 和原子系综耦合强度 G_{opa}，研究可移动腔镜无量纲的位移谱 ($S_Q(\omega)\gamma_m$) 随着归一化频率 (ω/ω_m) 的变化(温度 $T = 50\text{mK}$，外部驱动场与原子系综之间有效耦合强度为 $\Gamma = 0.15\varepsilon_l$，泵浦光场功率为 $P_l = 6.9\text{mW}$，驱动场的相位为 $\theta = \dfrac{\pi}{4}$，且满足共振条件 $\Delta = \omega_m$ 和 $\Delta_a = 2\gamma_a$)

因此，在稳定的光力学系统时，当同时存在光学参数放大器和原子系综，对比只存在光学参数放大器或者原子系综的情况，位移谱中会得到更宽的双峰间距。这说明由于光学参数放大器与原子系综的存在，这有效地增强了可移动腔镜和光学腔之间的耦合作用。

接下来，在图 6.3 中，对于 $G_{\mathrm{opa}} = 1.45\kappa$ 和 $G_{\mathrm{atom}} = 0.15\kappa$ 的情况，在不同外部驱动场与原子系综之间有效耦合强度 Γ 和泵浦光场功率 P_l 条件下，研究可移动腔镜无量纲的位移谱 $(S_Q(\omega)\gamma_m)$ 随着归一化频率 (ω/ω_m) 的变化。当 $P_l = 6.9\mathrm{mW}$ 和 $\Gamma = 0.145\varepsilon_l$（如 1 号线所示），$P_l = 6.9\mathrm{mW}$ 和 $\Gamma = 0.148\varepsilon_l$（如 2 号线所示），$P_l = 6.9\mathrm{mW}$ 和 $\Gamma = 0.15\varepsilon_l$（如 3 号线所示），原子系综集体算符的稳态参数 $|A_s|^2$ 分别为 5.43×10^{15}，5.413×10^{15}，5.407×10^{15}。也就是说，随着外部驱动场与原子系综之间有效耦合强度 Γ 的增加，原子系综集体算符的稳态参数 $|A_s|^2$ 随之减小，左侧峰的峰值也随之降低。具体来说，在图 6.2 中 $G_{\mathrm{atom}} = 0$ 和 $G_{\mathrm{opa}} = \kappa$ 的情况（用 2 号线来表示），其左侧峰的峰值大约是 4.2×10^{-3}；而对于图 6.3 中 $P_l = 6.9\mathrm{mW}$ 和 $\Gamma = 0.145\varepsilon_l$ 的情况（如 1 号线所示），左侧峰的峰值大约是 8.2×10^{-3}，其峰值大约是前者的 2 倍。此外，当泵浦光场的功率从 $P_l = 6.9\mathrm{mW}$ 减小到 $P_l = 4\mathrm{mW}$ 时，位移谱中的双峰之间的间距变窄。换句话说，随着泵浦场功率 P_l 的增加，导致光学腔场内的光子数的增加，位移谱双峰之间的间距随之变得更大。具体来说，对于 $P_l = 6.9\mathrm{mW}$ 和 $\Gamma = 0.15\varepsilon_l$（如 3 号线所示），腔内光子数大约是 4.37×10^{10}；而对于 $P_l = 4\mathrm{mW}$ 和 $\Gamma = 0.15\varepsilon_l$（如 6 号线所示），腔内光子数大约是 2.53×10^{10}。

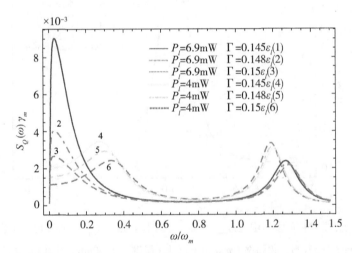

图 6.3　对于不同的外部驱动场与原子系综之间有效耦合强度 Γ 和泵浦光场功率 P_l，研究可移动腔镜无量纲的位移谱 $(S_Q(\omega)\gamma_m)$ 随着归一化频率 (ω/ω_m) 的变化（温度 $T = 50\mathrm{mK}$，$G_{\mathrm{opa}} = 1.45\kappa$ 和 $G_{\mathrm{atom}} = 0.15\kappa$，其他参数条件和图 6.2 中一致）

6.3.2　优化正交压缩光谱 $S_{\mathrm{opt}}(\omega)$

根据式（6.23），研究环境温度 T、泵浦场功率 P_l、光学参数放大器增益 G_{opa}、原子系综和光场间有效耦合强度 G_{atom} 对于优化的正交压缩光谱 $S_{\text{opt}}(\omega)$ 的影响。在图 6.4 中，研究光力学系统中只包含光学参数放大器(即 $G_{\text{opa}} \neq 0$ 和 $G_{\text{atom}} = 0$)，在不同的环境温度 Γ 和光学参数放大器增益 G_{opa} 条件下，研究光学腔场的优化正交压缩光谱 $S_{\text{opt}}(\omega)$ 随着归一化频率 (ω/ω_m) 的变化。在图 6.4(a)中，选取温度 $T = 50\text{mK}$，$G_{\text{opa}} = 0$ 和 $G_{\text{atom}} = 0$(如图中实线所示)，在 $0.64 \leqslant \omega/\omega_m \leqslant 1.3$ 的范围内没有出现压缩现象(也就是 $S_{\text{opt}}(\omega) > 1$)。当光学参数放大器增益到 $G_{\text{opa}} = \kappa$(或者 $G_{\text{opa}} = 1.45\kappa$)时，光谱图(图 6.4)中虚线(或者点虚线)显示在 $0.78 \leqslant \omega/\omega_m \leqslant 1.19$(或者 $0.9 \leqslant \omega/\omega_m \leqslant 1.24$)时没有压缩现象，其峰值大约是 $S_{\text{opt}}(\omega) \approx 2.5$(或者 $S_{\text{opt}}(\omega) \approx 2.35$)。具体来说，对于 $G_{\text{opa}} = 1.45\kappa$，最优化的压缩值大约为 $S_{\text{opt}}(\omega) \approx 0.308$。在图 6.4(b)中，当温度降低为 $T = 20\text{mK}$ 时，发现温度降低对压缩光谱有显著的影响。对于 $G_{\text{opa}} = \kappa$，$G_{\text{atom}} = 0$ 和 $T = 20\text{mK}$，峰值大约为 $S_{\text{opt}}(\omega) \approx 1.4$，在 $0.93 \leqslant \omega/\omega_m \leqslant 1.13$ 范围内没有压缩谱。换句话说，当温度为 $T = 20\text{mK}$ 时，其峰值和无压缩时的频谱范围都比温度为 $T = 50\text{mK}$ 的情况小得多。

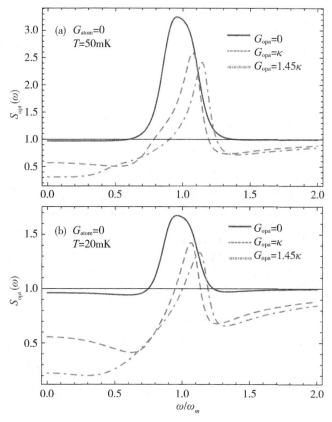

图 6.4 对于不同的光学参数放大器增益 G_{opa}，研究优化的正交压缩光谱 $S_{\text{opt}}(\omega)$ 随着归一化频率 (ω/ω_m) 的变化[(a)温度 $T = 50\text{mK}$，(b)温度 $T = 20\text{mK}$，选择 $P_l = 6.9\text{mW}$，$\Gamma = 0.15\varepsilon_l$ 和 $G_{\text{atom}} = 0$，其他参数条件和图 6.2 一致]

接下来，如图6.5所示，在不同的环境温度T、光学参数放大器增益G_{opa}、原子系综和光场间有效耦合强度G_{atom}条件下，研究光学腔场的优化正交压缩光谱$S_{opt}(\omega)$随着归一化频率(ω/ω_m)的变化规律。在图6.5(a)中，当选择环境温度$T = 50\text{mK}$，$G_{opa} = 0$，$G_{atom} = 0.1\kappa$（或者$G_{atom} = 0.13\kappa$）时，由于存在原子系综和光场间的有效耦合作用（即$G_{atom} \neq 0$），在频率$0 \leqslant \omega/\omega_m \leqslant 3$范围下，光学腔场优化正交压缩光谱$S_{opt}(\omega)$总是小于1，且会出现一个峰。当光学参数放大器增益增加到$G_{opa} = \kappa$时，单峰没有消失（如实线所示）。然而，在图6.5(b)中，当温度降低为$T = 20\text{mK}$时，单峰消失了。其物理原因在于峰值来源于热噪声。随着温度的降低，力学振子的热噪声影响随之降低，这导致峰消失。通过对比图6.4(a)中的虚线（$T = 50\text{mK}$，$G_{opa} = \kappa$，$G_{atom} = 0$）、图6.5(a)中的点虚线（$T = 50\text{mK}$，$G_{opa} = 0$，$G_{atom} = 0.13\kappa$）和实线（$T = 50\text{mK}$，$G_{opa} = \kappa$，$G_{atom} = 0.13\kappa$），相比于仅存在光学参数放大器或者原子系综的情况，研究发现同时包含光学参数放大器和原子系综的情况，得到更加优化的正交压缩光谱$S_{opt}(\omega)$。

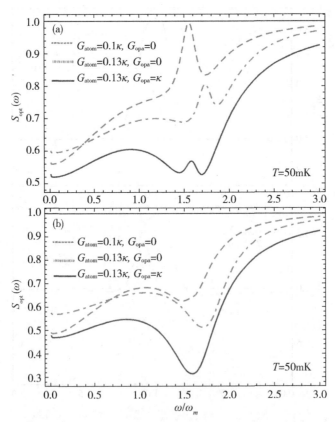

图6.5　对于不同的光学参数放大器增益G_{opa}与原子系综和光场间有效耦合强度G_{atom}，研究优化的正交压缩光谱$S_{opt}(\omega)$随着归一化频率(ω/ω_m)的变化[(a)温度$T = 50\text{mK}$，(b)温度$T = 20\text{mK}$，选择$P_l = 6.9\text{mW}$，$\Gamma = 0.15\varepsilon_l$，其他参数条件和图6.2中一致]

此外，在图 6.6 中，当 G_{opa} = 1.45κ 和 G_{atom} = 0.15κ 时，考虑不同泵浦场功率 P_l 条件下对正交压缩光谱 $S_{opt}(\omega)$ 的影响。这里考虑两种不同的温度条件：图 6.6(a) 中 T = 50mK，图 6.6(b) 中 T = 20mK，其中，泵浦功率 P_l = 4mW 对应于虚线，泵浦功率 P_l = 6.9mW 对应于实线，泵浦功率 P_l = 15mW 对应于点虚线。图 6.6 中正交压缩光谱 $S_{opt}(\omega)$ 总是小于1，功率不同导致正交压缩光谱 $S_{opt}(\omega)$ 的压缩谱也不同。具体来说，由于温度降低导致热噪声减少，图 6.6(a) 中压缩谱的峰将变成图 6.6(b) 中的透明窗口 dip。

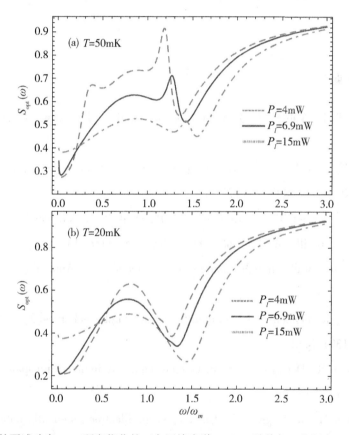

图 6.6　对于不同的泵浦功率 P_l，研究优化的正交压缩光谱 $S_{opt}(\omega)$ 随着归一化频率 (ω/ω_m) 的变化[(a) 温度 T = 50mK，(b) 温度 T = 20mK，选择 G_{opa} = 1.45κ，G_{atom} = 0.15κ，Γ = 0.15ε_l，其他参数条件和图 6.2 中一致]

6.4　本章小结

综上所述，在共同存在光学参数放大器和原子系综的光力学系统中，研究运动振子的位移谱和优化的光场压缩谱。在裸的光力学系统中，位移光谱没有表现出正交模式劈裂。然而，当只有光学参数放大器存在于光学腔中时，随着光学参数放大器非线性增益的增加，力学振子位移谱双峰之间的间距和压缩幅度相比于裸的光力学系统的情况变得更大。进一步来说，在满足 Routh-Hurwitz 标准，同时又存在光学参数放大器和原子系综的情况下，与仅存在光学参数放大器或者原子系综的光力学系统相比较，合适的非线性增益和有效的原子系综耦合强度能保证两个峰之间的间距更宽，压缩谱的压缩程度变得更大。此外，随着温度降低，导致机械热噪声减小，压缩光谱中的峰值将消失并变成一个透明窗口 dip。

◎ 本章参考文献

［1］Kippenberg T J, Vahala K J. Cavity optomechanics［J］. Opt. Express，2007，15：17172-17205.

［2］Kippenberg T J, Vahala K J. Cavity optomechanics：Back-action at the mesoscale［J］. Science，2008，321(5893)：1172-1176.

［3］Anetsberger G, Arcizet O, Unterreithmeier Q P, et al. Near field cavity optomechanics with nanomechanical oscillators［J］. Nat. Phys.，2009，5：909-914.

［4］Meystre P. A short walk through quantum optomechanics［J］. Ann. Phys.，2013，525(3)：215-233.

［5］Aspelmeyer M, Kippenberg T J, Marquardt F. Cavity optomechanics［J］. Rev. Mod. Phys.，2014，86：1391-1452.

［6］Weis S, Riviere R, Deleglise S, et al. Optomechanically induced transparency［J］. Science，2010，330：1520-1523.

［7］Safavi-Naeini A H, M. Alegre T P, Chan J, et al. Electromagnetically induced transparency and slow light with optomechanics［J］. Nature，2011，472(7341)：69-73.

［8］Xiong H, Si L G, Zheng A S, et al. Higher-order sidebands in optomechanically induced transparency［J］. Phys. Rev. A，2012，86：013815.

［9］Kronwald A, Marquardt F. Optomechanically induced transparency in the nonlinear quantum regime［J］. Phys. Rev. Lett.，2013，111：133601.

［10］Wang H, Gu X, Liu Y X, et al. Optomechanical analog of two-color electromagnetically induced transparency：photon transmission through an optomechanical device with a two-level system［J］. Phys. Rev. A，2014，90(2)：023817.

[11] He Q, Badshah F, Din R U, et al. Optomechanically induced transparency and the long-lived slow light in a nonlinear system[J]. J. Opt. Soc. Am. B, 2018, 35(7): 1649-1657.

[12] He Q, Badshah F, Din R U, et al. Multiple transparency in a multimode quadratic coupling optomechanical system with an ensemble of three-level atoms[J]. J. Opt. Soc. Am. B, 2018, 35: 2550-2561.

[13] He Q, Badshah F, Zhang H, et al. Novel transparency, absorption and amplification in a driven optomechanical system with a two-level defect[J]. Laser Phys. Lett., 2019, 16 (3): 035202.

[14] Kong C, Bin S W, Wang B, et al. High order sideband generation in a two-cavity optomechanical system with modulated photon-hopping interaction[J]. Laser Phys. Lett., 2018, 15: 115401.

[15] Liu Z X, Xiong H. Highly sensitive charge sensor based on atom-assisted high-order sideband generation in a hybrid optomechanical system[J]. Sensors, 2018, 18: 3833.

[16] Barzanjeh S, Vitali D, Tombesi P, et al. Entangling optical and microwave cavity modes by means of a nanomechanical resonator[J]. Phys. Rev. A, 2011, 84(4): 042342.

[17] Wang Y D, Clerk A A. Reservoir-engineered entanglement in optomechanical systems[J]. Phys. Rev. Lett., 2013, 110(25): 253601.

[18] Tian L. Robust photon entanglement via quantum interference in optomechanical interfaces [J]. Phys. Rev. Lett., 2013, 110(23): 233602.

[19] Lü X Y, Zhu G L, Zheng L L, et al. Entanglement and quantum superposition induced by a single photon[J]. Phys. Rev. A, 2018, 97: 033807.

[20] Huang S, Agarwal G S. Robust force sensing for a free particle in a dissipative optomechanical system with a parametric amplifier[J]. Phys. Rev. A, 2017, 95: 023844.

[21] Mehmood A, Qamar S, Qamar S. Effects of laser phase fluctuation on force sensing for a free particle in a dissipative optomechanical system[J]. Phys. Rev. A, 2018, 98: 053841.

[22] Boca A, Miller R, Birnbaum K M, et al. Observation of the vacuum Rabi spectrum for one trapped atom[J]. Phys. Rev. Lett., 2004, 93: 233603.

[23] Thompson R J, Rempe G, Kimble H J. Observation of normal-mode splitting for an atom in an optical cavity[J]. Phys. Rev. Lett., 1992, 68: 1132-1135.

[24] Klinner J, Lindholdt M, Nagorny B, et al. Normal mode splitting and mechanical effects of an optical lattice in a ring cavity[J]. Phys. Rev. Lett., 2006, 96: 023002.

[25] Dobrindt J M, Wilson-Rae I, Kippenberg T J. Parametric normal-mode splitting in cavity

optomechanics[J]. Phys. Rev. Lett., 2008, 101(26): 263602.

[26]Bhattacherjee A B. Cavity quantum optomechanics of ultracold atoms in an optical lattice: normal-mode splitting[J]. Phys. Rev. A, 2009, 80: 043607.

[27]Groblacher S, Hammerer K, Vanner M R, et al. Observation of strong coupling between a micromechanical resonator and an optical cavity field[J]. Nature, 2009, 460: 724-727.

[28]Huang S, Agarwal G S. Normal-mode splitting in a coupled system of a nanomechanical oscillator and a parametric amplifier cavity[J]. Phys. Rev. A, 2009, 80(3): 033807.

[29]Huang S, Agarwal G S. Normal-mode splitting and antibunching in stokes and anti-stokes processes in cavity optomechanics: radiation-pressure-induced four-wave-mixing cavity optomechanics[J]. Phys. Rev. A, 2010, 81(3): 033830.

[30]Kumar T, Bhattacherjee A B, Mohan M. Dynamics of a movable micromirror in a nonlinear optical cavity[J]. Phys. Rev. A, 2010, 81(1): 013835.

[31]Chen H J, Mi X W. Normal mode splitting and ground state cooling in a Fabry-Perot optical cavity and transmission line resonator[J]. Chin. Phys. B, 2011, 20: 124203.

[32]Fu C B, Gu K H, Yan X B, et al. Normal mode splitting due to quadratic reactive coupling in a microdisk-waveguide optomechanical system[J]. Phys. Lett. A, 2012, 377: 133-137.

[33]Han Y, Cheng J, Zhou L. Normal-mode splitting in the atomassisted optomechanical cavity [J]. Phys. Scripta, 2013, 88: 065401.

[34]Asjad M, Saif F. Normal mode splitting in hybrid BECoptomechanical system[J]. Optik, 2014, 125: 5455-5460.

[35]Shahidani S, Naderi M, Soltanolkotabi M. Normal-mode splitting and output-field squeezing in a Kerr-down conversion optomechanical system [J]. J. Mod. Opt., 2015, 62 (2): 114-124.

[36] Wu Q, Hu Y H, Ma P C. Controllable bistability and normal mode splitting in an optomechanical system assisted by an atomic ensemble[J]. Int. J. Theor. Phys., 2017, 56: 1635-1645.

[37] Rossi M, Kralj N, Zippilli S, et al. Normal-mode splitting in a weakly coupled optomechanical system[J]. Phys. Rev. Lett., 2018, 120: 073601.

[38]Collett M J, Walls D F. Squeezing spectra for nonlinear optical systems[J]. Phys. Rev. A, 1985, 32: 2887-2892.

[39]Mancini S, Tombesi P. Quantum noise reduction by radiation pressure[J]. Phys. Rev. A, 1994, 49: 4055-4065.

[40] Marino F, Cataliotti F S, Farsi A, et al. Classical signature of ponderomotive squeezing in a suspended mirror resonator[J]. Phys. Rev. Lett., 2010, 104: 073601.

[41] Safavi-Naeini A H, Groblacher S, Hill J T, et al. Squeezed light from a silicon micromechanical resonator[J]. Nature, 2013, 500(7461): 185-189.

[42] Purdy T P, Yu P L, Peterson R W, et al. Strong optomechanical squeezing of light[J]. Phys. Rev. X, 2013, 3(3): 031012.

[43] Pontin A, Biancofiore C, Serra E, et al. Frequencynoise cancellation in optomechanical systems for ponderomotive squeezing[J]. Phys. Rev. A, 2014, 89: 033810.

[44] Xiao Y, Yu Y F, Zhang Z M. Controllable optomechanically induced transparency and ponderomotive squeezing in an optomechanical system assisted by an atomic ensemble[J]. Opt. Express, 2014, 22: 17979-17989.

[45] Pirkkalainen J M, Damskägg E, Brandt M, et al. Squeezing of quantum noise of motion in a micromechanical resonator[J]. Phys. Rev. Lett., 2015, 115: 243601.

[46] Lü X Y, Wu Y, Johansson J R, et al. Squeezed optomechanics with phase-matched amplification and dissipation[J]. Phys. Rev. Lett., 2015, 114(9): 093602.

[47] Feng X M, Yin X, Yu Y F, et al. Ponderomotive squeezing and entanglement in a ring cavity with two vibrational mirrors[J]. Chin. Phys. B, 2015, 24: 050301.

[48] Sainadh U S, Kumar M A. Effects of linear and quadratic dispersive couplings on optical squeezing in an optomechanical system[J]. Phys. Rev. A, 2015, 92: 033824.

[49] Liu S, Yang W X, Zhu Z, et al. Quadrature squeezing of a higher-order sideband spectrum in cavity optomechanics[J]. Opt. Lett., 2018, 43: 9-12.

[50] Huang S, Chen A. Quadrature-squeezed light and optomechanical entanglement in a dissipative optomechanical system with a mechanical parametric drive[J]. Phys. Rev. A, 2018, 98: 063843.

[51] Xiong B, Li X, Chao S L, et al. Optomechanical quadrature squeezing in the non-Markovian regime[J]. Opt. Lett., 2018, 43: 6053-6056.

[52] Maslova N S, Anikin E V, Gippius N A, et al. Effects of tunneling and multiphoton transitions on squeezed-state generation in bistable driven systems[J]. Phys. Rev. A, 2019, 99: 043802.

[53] Liu L, Hou B P, Zhao X H, et al. Squeezing transfer of light in a two-mode optomechanical system[J]. Opt. Express, 2019, 27: 8361-8374.

[54] Zhang J Q, Li Y, Feng M, et al. Precision measurement of electrical charge with

optomechanically induced transparency[J]. Phys. Rev. A, 2012, 86(5): 053806.

[55] Wang Q, Zhang J Q, Ma P C, et al. Precision measurement of the environmental temperature by tunable double optomechanically induced transparency with a squeezed field [J]. Phys. Rev. A, 2015, 91: 063827.

[56] Wang Q. Precision temperature measurement with optomechanically induced transparency in an optomechanical system[J]. Laser Phys., 2018, 28: 075201.

[57] Agarwal G S, Huang S M. Optomechanical systems as singlephoton routers [J]. Phys. Rev. A, 2012, 85(2): 021801.

[58] Xiong H, Si L G, Lü X Y, et al. Review of cavity optomechanics in the weak-coupling regime: from linearization to intrinsic nonlinear interactions[J]. Sci. China Phys. Mech. Astron., 2015, 58: 1-13.

[59] Huang J S, Wang J W, Wang Y, et al. Single-photon routing in a multi-t-shaped waveguide [J]. J. Phys. B, 2018, 52: 015502.

[60] DeJesus E X, Kaufman C. Routh-Hurwitz criterion in the examination of eigenvalues of a system of nonlinear ordinary differential equations[J]. Phys. Rev. A, 1987, 35: 5288-5290.

[61] Li L, Nie W, Chen A. Transparency and tunable slow and fast light in a nonlinear optomechanical cavity[J]. Sci. Rep., 2016, 6: 35090.

[62] Akulshin A M, Barreiro S, Lezama A. Electromagnetically induced absorption and transparency due to resonant two-field excitation of quasi degenerate levels in Rb vapor[J]. Phys. Rev. A, 1998, 57: 2996.

[63] Li Y, Sun C P. Group velocity of a probe light in an ensemble of 3 atoms under two-photon resonance[J]. Phys. Rev. A, 2004, 69(5): 051802.

[64] Ian H, Gong Z R, Liu Y X, et al. Cavity optomechanical coupling assisted by an atomic gas [J]. Phys. Rev. A, 2008, 78(1): 013824.

[65] Chang Y, Shi T, Liu Y X, et al. Multistability of electromagnetically induced transparency in atom-assisted optomechanical cavities[J]. Phys. Rev. A, 2011, 83(6): 063826.

[66] Wu L A, Xiao M, Kimble H J. Squeezed states of light from an optical parametric oscillator [J]. J. Opt. Soc. Am. B, 1987, 4: 1465-1475.

[67] Mikhailov E E, Rostovtsev Y V, Welch G R. Group velocity study in hot Rb-87 vapour with buffer gas[J]. J. Mod. Opt., 2003, 50(15-17): 2645-2654.

[68] Huang S, Agarwal G S. Enhancement of cavity cooling of a micromechanical mirror using parametric interactions[J]. Phys. Rev. A, 2009, 79(1): 013821.

［69］Farman F, Bahrampour A R. Effects of optical parametric amplifier pump phase noise on the cooling of optomechanical resonators［J］. J. Opt. Soc. Am. B, 2013, 30: 1898-1904.

［70］Huang S, Chen A. Improving the cooling of a mechanical oscillator in a dissipative optomechanical system with an optical parametric amplifier［J］. Phys. Rev. A, 2018, 98 (6): 063818.

［71］Holstein T, Primakoff H. Field dependence of the intrinsic domain magnetization of a ferromagnet［J］. Phys. Rev., 1940, 58: 1098-1113.

［72］Gardiner C, Zoller P. Quantum Noise［M］. Springer, 1991.

［73］Genes C, Vitali D, Tombesi P, et al. Ground-state cooling of a micromechanical oscillator: comparing cold damping and cavity-assisted cooling schemes［J］. Phys. Rev. A, 2008, 77 (3): 033804.

［74］Walls D F, Milburn G J. Quantum Optics［M］. Springer, 1994.

［75］Loudon R, Knight P L. Squeezed light［J］. J. Mod. Opt., 1987, 34: 709-759.

［76］Nejad A A, Askari H R, Baghshahi H R. Normal mode splitting in an optomechanical system: effects of coulomb and parametric interactions［J］. J. Opt. Soc. Am. B, 2018, 35: 2237-2243.

第 7 章 辅助二能级原子系综的线性、平方耦合 光力学系统正交模式劈裂

7.1 概述

光机械系统正受到人们越来越多的关注，其涉及许多研究领域，其中包括纠缠[1-4]、光力诱导透明[5-11]、法诺共振[12-15]、基态冷却[16-18]、压缩[19-23]和正交模式劈裂[24-31]等。精密测量也是光力学系统的重要应用之一，其包括弱力测量[32,33]、质量测量[34-36]、电荷测量[37,38]和量子信息处理[39-41]。

传统的光力学系统包括光学腔场和力学振子，其辐射压力作用会导致线性的光力耦合作用。类似地，平方的光力耦合作用也存在于光学腔场和力学振子之间[42-50]。例如，在光力学系统中，可以用一个有效的主方程来描述力学振子的双声子冷却，其中光学腔场与力学振子之间的耦合是平方耦合[42]。光腔场的模式在很大程度上依赖于中间腔镜的位置，其导致辐射压力效应的重要定性差异[45]。进一步来说，在光力学系统中，有一些关于线性耦合和平方耦合的研究[51,52]。Sainadh 和 Kumar 研究了在光力学系统中平方耦合作用的存在对于系统稳定性和光学正交压缩的影响[51]；他们也考虑通过线性耦合和平方耦合的光学模式同力学模式之间的作用[52]。

正交模式劈裂在量子光学中是一个重要的研究领域[24-31]。例如，对于弱激发情况（即使光学腔内只有一个原子），也可以观察到耦合诱导正交模分裂现象[24]。在高输入功率的反作用冷却中可能会发生正交模式劈裂，振子运动与驱动场涨落的杂化可能导致力学涨落谱和光学涨落谱的劈裂[26]。当光力学系统中出现原子系综时[53-56]，其对光力学系统的影响也是一个有趣的研究内容。Nori 等研究了被限制在气室中原子系综如何影响振荡腔镜的电磁诱导透明[53]。Zhang 等从理论上研究了三能级原子辅助的平方耦合光力学系统中的输出光场特征[54]，他们也提出在包含原子系综的光力学系统中，实现可操控的光力诱导透明和有质动力压缩[56]。类似地，在包含原子系综的混合光力学系统中，考虑了光力学的双稳特性和正交模式劈裂特性[55]。

本章研究了含有原子系综的混合光力学系统中机械薄膜的位移谱和输出光场谱。在光力学系统中，当同时存在线性耦合作用和平方耦合作用时，研究负的平方耦合作用对于位移谱和输出光场谱的影响。此外，当原子系综被放置在同时具有线性耦合和平方耦合相互作用的光力学系统中时，光学谱中会包含三个峰，其不同于传统的正交模式劈裂(只包括两个峰)，这是一个有趣的现象。此外，通过改变光学腔场与原子系综之间的有效耦合强度，可以有效地控制这三个峰的振幅和位置。

7.2 理论模型

在图 7.1 中，该混合光力学系统包括光学腔场、力学薄膜和 N 个二能级原子系综，其中力学振子和光学腔场之间的作用分别是线性耦合和平方耦合。在这里，光学腔场包括一个固定的部分透射腔镜 A 和另一个固定的完全反射镜 B。光学腔被一个强的耦合场 ε_l (其频率为 ω_l) 驱动，参数 c_{in} 是来自环境的输入量子噪声，输出光场用 c_{out} 来表示。在这里，由于原子系综的存在，光场与原子系综之间存在强的耦合作用，其对可移动膜和光学腔场的正模模式劈裂有显著影响。此混合光力学系统的哈密顿量[28,51,52,54,56]表示为

$$
\begin{aligned}
H = &\hbar\,\omega_c c^\dagger c + \frac{\hbar\,\omega_m}{2}(P^2 + Q^2) + \hbar\,g_l c^\dagger c Q + \hbar\,g_q c^\dagger c Q^2 + \hbar\,\omega_a \sum_j \sigma_j^z + \\
&\hbar\,g \sum_{j=1}^N (\sigma_j^+ c + \sigma_j^- c^\dagger) + \hbar\,\Omega \sum_{j=1}^N (\sigma_j^+ \mathrm{e}^{-\mathrm{i}\omega_l t} + \sigma_j^- \mathrm{e}^{\mathrm{i}\omega_l t}) + \mathrm{i}\,\hbar\,\varepsilon_l (c^\dagger \mathrm{e}^{-\mathrm{i}\omega_l t} - c\mathrm{e}^{\mathrm{i}\omega_l t})
\end{aligned}
\tag{7.1}
$$

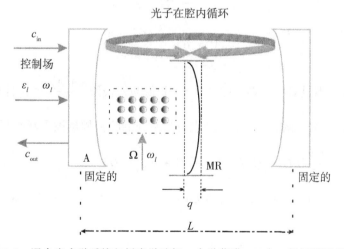

图 7.1 混合光力学系统包括光学腔场、力学薄膜、N 个二能级原子系综

式中，第一项 $\hbar \omega_c c^\dagger c$ 为光学腔场的哈密顿量，算符 c 和算符 $c^\dagger$ 分别表示光学腔场的湮灭算符和产生算符。第二项 $\dfrac{\hbar \omega_m}{2}(P^2 + Q^2)$ 为力学薄膜的哈密顿量，其中，ω_m 表示力学振子的频率，$P = \sqrt{\dfrac{1}{m \hbar \omega_m}}\, p$ 表示力学薄膜无量纲的动量，$Q = \sqrt{\dfrac{m \omega_m}{\hbar}}\, q$ 表示力学薄膜无量纲的位移，且算符 P 和 Q 满足对易关系 $[Q,\ P] = i$)。第三项 $\hbar g_l c^\dagger c Q$ 表示力学薄膜与光腔之间的线性耦合相互作用。第四项 $\hbar g_q c^\dagger c Q^2$ 表示力学薄膜与光腔场之间的平方耦合相互作用，其中线性耦合系数为 $g_l = \left(\dfrac{\partial \omega_c}{\partial Q}\right)\sqrt{\dfrac{\hbar}{m \omega_m}}$，平方耦合系数为 $g_q = \left(\dfrac{\partial^2 \omega_c}{\partial Q^2}\right)\dfrac{\hbar}{2m \omega_m}$。第五项 $\hbar \omega_a \sum\limits_j \sigma_j^z$ 为二能级原子系综的哈密顿量。第六项 $\hbar g \sum\limits_{j=1}^{N} (\sigma_j^+ c + \sigma_j^- c^\dagger)$ 是二能级原子系综和光学腔场相互作用的哈密顿量，其中，耦合强度 g 表示光学腔场和原子系综之间的耦合强度，第 j 个原子算符分别表示为 $\sigma_j^z = |a_j\rangle\langle a_j|$，$\sigma_j^+ = |a_j\rangle\langle b_j|$ 和 $\sigma_j^- = |b_j\rangle\langle a_j|$。第七项 $\hbar \Omega \sum\limits_{j=1}^{N} (\sigma_j^+ \mathrm{e}^{-\mathrm{i}\omega_l t} + \sigma_j^- \mathrm{e}^{\mathrm{i}\omega_l t})$ 是可控光场与二能级原子系综之间相互作用的哈密顿量，第八项 $\mathrm{i}\hbar \varepsilon_l (c^\dagger \mathrm{e}^{-\mathrm{i}\omega_l t} - c \mathrm{e}^{\mathrm{i}\omega_l t})$ 是泵浦光场与光学腔场之间相互作用的哈密顿量，其中，参数 Ω 是受控光场的拉比频率，$\varepsilon_l = \sqrt{\dfrac{2\kappa P}{\hbar \omega_l}}$ 是泵浦场的振幅，ω_l 是泵浦场的频率，P 是泵浦场的功率。

利用 Holstein-Primakoff 变换[57]，二能级原子系综的集体算符 A 和 $A^\dagger$ 分别定义为

$$A = \lim_{N \to \infty} \sum_{j=1}^{N} \frac{\sigma_j^-}{\sqrt{N}}$$

$$A^\dagger = \lim_{N \to \infty} \sum_{j=1}^{N} \frac{\sigma_j^+}{\sqrt{N}}$$

(7.2)

式中，算符 A 和 $A^\dagger$ 满足对易关系 $[A,\ A^\dagger] = 1$ 和低激发极限 $\dfrac{\langle A^\dagger A\rangle}{N} \ll 1$（且有大量 N 个二能级原子）[56,58]。接下来，式(7.1)中混合光力学系统的哈密顿量被重新改写为

$$H = \hbar \omega_c c^\dagger c + \frac{\hbar \omega_m}{2}(P^2 + Q^2) + \hbar g_l c^\dagger c Q + \hbar g_q c^\dagger c Q^2 +$$

$$\hbar \omega_a A^\dagger A + \hbar G_{\text{atom}}(A^\dagger c + A c^\dagger) + \hbar \Gamma (A^\dagger \mathrm{e}^{-\mathrm{i}\omega_l t} + A \mathrm{e}^{\mathrm{i}\omega_l t}) + \mathrm{i}\hbar \varepsilon_l (c^\dagger \mathrm{e}^{-\mathrm{i}\omega_l t} - c \mathrm{e}^{\mathrm{i}\omega_l t})$$

(7.3)

式中，$G_{\text{atom}} = \sqrt{N} g$，是光学腔场与原子系综的有效耦合强度；$\Gamma = \sqrt{N}\Omega$，是控制场和原子系综的有效耦合强度。

在具有幺正变换 $U = \exp[-\mathrm{i}\omega_l(c^\dagger c + A^\dagger A)t]$ 的旋转框架下，新的混合光力学系统的哈密顿量表示为

$$
\begin{aligned}
H &= U^\dagger H U - \mathrm{i}\hbar\, U^\dagger\left(\frac{\partial U}{\partial t}\right) \\
&= \hbar\Delta_c c^\dagger c + \frac{\hbar\omega_m}{2}(P^2 + Q^2) + \hbar g_l c^\dagger c Q + \hbar g_q c^\dagger c Q^2 + \\
&\quad \hbar\Delta_a A^\dagger A + \hbar G_{\text{atom}}(A^\dagger c + A c^\dagger) + \hbar\Gamma(A^\dagger + A) + \mathrm{i}\hbar\varepsilon_l(c^\dagger - c)
\end{aligned}
\tag{7.4}
$$

式中，光腔场的衰减率为 $\Delta_c = \omega_c - \omega_l$，二能级原子系综的衰减率为 $\Delta_a = \omega_a - \omega_l$。

通过考虑热噪声、输入真空噪声和衰减项，得到光力学系统算符的非线性量子朗之万方程：

$$
\begin{aligned}
\frac{\mathrm{d}Q}{\mathrm{d}t} &= \omega_m P \\[4pt]
\frac{\mathrm{d}P}{\mathrm{d}t} &= -\omega_m Q - \gamma_m P - g_l c^\dagger c - 2g_q Q c^\dagger c + \xi \\[4pt]
\frac{\mathrm{d}c}{\mathrm{d}t} &= -(\kappa + \mathrm{i}\Delta_c)c - \mathrm{i}g_l c Q - \mathrm{i}g_q c X + \varepsilon_l - \mathrm{i}G_{\text{atom}}A + \sqrt{2\kappa}\,c_{\text{in}} \\[4pt]
\frac{\mathrm{d}A}{\mathrm{d}t} &= -(\gamma_a + \mathrm{i}\Delta_a)A - \mathrm{i}\Gamma - \mathrm{i}G_{\text{atom}}c + \sqrt{2\gamma_a}\,A_{\text{in}} \\[4pt]
\frac{\mathrm{d}X}{\mathrm{d}t} &= \omega_m Z \\[4pt]
\frac{\mathrm{d}Y}{\mathrm{d}t} &= -(\omega_m + 2g_q c^\dagger c)Z - 2g_l c^\dagger c P - 2\gamma_m Y + 2\gamma_m(1 + n_{th}) \\[4pt]
\frac{\mathrm{d}Z}{\mathrm{d}t} &= -2(\omega_m + 2g_q c^\dagger c)X - 2g_l c^\dagger c Q + 2\omega_m Y - \gamma_m Z
\end{aligned}
\tag{7.5}
$$

式中，κ 表示光学腔场的衰减率；γ_a 表示二能级原子系综的衰减率；c_{in} 表示光学腔场的输入真空噪声算符；A_{in} 表示原子系综的输入真空噪声算符；γ_m 是力学振子的衰减率；$\xi(t)$ 是热噪声的衰减率；$n_{th} = \left[\exp\left(\dfrac{\hbar\omega_m}{k_B T}\right) - 1\right]^{-1}$ 是力学振子的平均声子数，其中，k_B 是玻尔兹曼常数，T 是热库温度。

在时间域范围内，输入的真空噪声算符 c_{in} 和原子系综的输入真空噪声算符 A_{in} 分别满足下列关联函数[59]：

$$
\langle \delta c_{\text{in}}(t)\delta c_{\text{in}}^\dagger(t') \rangle = \delta(t - t')
$$

$$
\langle \delta c_{\text{in}}(t)\delta c_{\text{in}}(t') \rangle = 0
$$

$$\langle \delta c_{\text{in}}^{\dagger}(t) \delta c_{\text{in}}(t') \rangle = 0$$

$$\langle \delta A_{\text{in}}(t) \delta A_{\text{in}}^{\dagger}(t') \rangle = \delta(t - t')$$

$$\langle \delta A_{\text{in}}(t) \delta A_{\text{in}}(t') \rangle = 0 \qquad (7.6)$$

$$\langle \delta A_{\text{in}}^{\dagger}(t) \delta A_{\text{in}}(t') \rangle = 0$$

此外，热噪声算符 $\xi(t)$ 遵循以下关联函数：

$$\langle \xi(t) \xi(t') \rangle = \frac{1}{2\pi} \int \left(\frac{\gamma_m \omega}{\omega_m} \right) e^{-i\omega_l(t-t')} \left[1 + \coth\left(\frac{\hbar \omega}{2k_B T} \right) \right] d\omega \qquad (7.7)$$

接下来，假设算符 O（即 $O \in \{Q, P, c, A, X, Y, Z\}$）包括两项，即稳态平均值 O_s 和相应的涨落项 δO：

$$\langle O \rangle = O_s + \delta O \qquad (7.8)$$

根据式(7.5)和式(7.8)，得到相应算符的稳态平均值：

$$P_s = 0$$

$$Q_s = -\frac{c_s c_s^* g_l}{2c_s c_s^* g_q + \omega_m}$$

$$X_s = \frac{|c_s|^4 g_l^2 + (1 + 2n_{th})(2|c_s|^2 g_q + \omega_m)\omega_m}{(2|c_s|^2 g_q + \omega_m)^2} \qquad (7.9)$$

$$Y_s = 1 + 2n_{th}$$

$$A_s = -\frac{i(c_s G_{\text{atom}} + \Gamma)}{(\gamma_a + i\Delta_a)}$$

$$c_s = \frac{\varepsilon_l - iA_s G_{\text{atom}}}{i(g_l Q_s + g_q X_s + \Delta_c) + \kappa}$$

式中，上标 $*$ 表示共轭运算。

在频域范围内，得到相应算符涨落的方程为

$$\dot{\delta Q} = \omega_m \delta P$$

$$\dot{\delta P} = -\omega_m \delta Q - (g_l + 2g_q Q_s)(c_s \delta c^{\dagger} + c_s^* \delta c) - 2g_q |c_s|^2 \delta Q - \gamma_m \delta P + \xi$$

$$\dot{\delta c} = -i[(\Delta_c + g_l Q_s + g_q (Q_s)^2)\delta c + c_s(g_l + 2g_q Q_s)\delta Q] - \kappa \delta c - iG_{\text{atom}} \delta A + \sqrt{2\kappa} \delta c_{\text{in}} \qquad (7.10)$$

$$\dot{\delta A} = -(i\Delta_a + \gamma_a)\delta A - iG_{\text{atom}} \delta c + \sqrt{2\gamma_a} \delta A_{\text{in}}$$

通过利用傅里叶变换 $F(\omega) = \int_{-\infty}^{+\infty} f(t) e^{i\omega t} dt$ 和 $\delta F^{\dagger}(\omega) = [\delta F(-\omega)]^*$，得到力学振子的位移涨落 $\delta Q(\omega)$ 为

$$\delta Q(\omega) = \frac{F_a(\omega)}{d(\omega)}\xi(\omega) + \frac{F_b(\omega)}{d(\omega)}\delta c_{\mathrm{in}}^{\dagger}(\omega) + \frac{F_c(\omega)}{d(\omega)}\delta c_{\mathrm{in}}(\omega) +$$

$$\frac{F_d(\omega)}{d(\omega)}\delta A_{\mathrm{in}}^{\dagger}(\omega) + \frac{F_e(\omega)}{d(\omega)}\delta A_{\mathrm{in}}(\omega) \tag{7.11}$$

式中，参数 $F_a(\omega)$，$F_a(\omega)$，$F_a(\omega)$，$F_a(\omega)$，$F_a(\omega)$ 和 $d(\omega)$ 满足：

$$F_a(\omega) = \omega_m(G_{\mathrm{atom}}^2 + RS)(G_{\mathrm{atom}}^2 + S_t T)$$

$$F_b(\omega) = -\sqrt{2\kappa}\,\omega_m c_s G_t S_t (G_{\mathrm{atom}}^2 + RS)$$

$$F_c(\omega) = -\sqrt{2\kappa}\,\omega_m c_s^* G_t S (G_{\mathrm{atom}}^2 + S_t T)$$

$$F_d(\omega) = -\mathrm{i}\sqrt{2\gamma_a}\,\omega_m c_s G_{\mathrm{atom}} G_t (G_{\mathrm{atom}}^2 + RS) \tag{7.12}$$

$$F_e(\omega) = \mathrm{i}\sqrt{2\gamma_a}\,\omega_m c_s^* G_{\mathrm{atom}} G_t (G_{\mathrm{atom}}^2 + S_t T)$$

$$d(\omega) = -\mathrm{i}\,|c_s|^2 G_t^2 \omega_m [S(G_{\mathrm{atom}}^2 + S_t T) - S_t(G_{\mathrm{atom}}^2 + RS)] +$$

$$(G_{\mathrm{atom}}^2 + RS)(G_{\mathrm{atom}}^2 + ST)[\omega_t \omega_m - \omega(\omega + \mathrm{i}\gamma_m)]$$

为了简化公式，相关参数分别表示为：$\Delta_t = \Delta_c + g_l Q_s + 2g_q(Q_s)^2$，$\omega_t = \omega_m + 2g_q|c_s|^2$，$G_t = g_l + 2g_q Q_s$，$T = -\mathrm{i}\omega - \mathrm{i}\Delta_t + \kappa$，$T_a = \mathrm{i}\omega - \mathrm{i}\Delta_t + \kappa$，$R = -\mathrm{i}\omega + \mathrm{i}\Delta_t + \kappa$，$R_a = \mathrm{i}\omega + \mathrm{i}\Delta_t + \kappa$，$S = -\mathrm{i}\omega + \gamma_a + \mathrm{i}\Delta_a$，$S_a = \mathrm{i}\omega + \gamma_a + \mathrm{i}\Delta_a$，$S_t = -\mathrm{i}\omega + \gamma_a - \mathrm{i}\Delta_a$，$S_{ta} = \mathrm{i}\omega + \gamma_a - \mathrm{i}\Delta_a$。

力学振子的位移谱 $S_Q(\omega)$ 表示为

$$S_Q(\omega) = \frac{1}{4\pi}\int e^{-\mathrm{i}(\omega+\omega')t}\langle \delta Q(\omega)\delta Q(\omega') + \delta Q(\omega')\delta Q(\omega)\rangle \mathrm{d}\omega' \tag{7.13}$$

利用式(7.11)和式(7.13)，力学振子的位移谱 $S_Q(\omega)$ 表示为

$$S_Q(\omega) = \frac{1}{2}\left[\frac{F_c(\omega)}{d(\omega)}\frac{F_{bt}(\omega)}{d_t(\omega)} + \frac{F_b(\omega)}{d(\omega)}\frac{F_{ct}(\omega)}{d_t(\omega)} + \right.$$

$$\left. \frac{F_d(\omega)}{d(\omega)}\frac{F_{et}(\omega)}{d_t(\omega)} + \frac{F_e(\omega)}{d(\omega)}\frac{F_{dt}(\omega)}{d_t(\omega)}\right] + \frac{F_a(\omega)}{d(\omega)}\frac{F_{at}(\omega)}{d_t(\omega)}\left(\frac{\gamma_m \omega}{\omega_m}\right)\coth\left(\frac{\hbar\omega}{2k_B T}\right) \tag{7.14}$$

式中，$d_t(\omega) = d(-\omega)$，$F_{vt}(\omega) = F_v(-\omega)$，$(v = a,\ b,\ c,\ d,\ e)$。

接下来，根据式(7.10)，光学腔场的涨落 $\delta c(\omega)$[28,60] 表示为

$$\delta c(\omega) = \frac{E_a(\omega)}{d(\omega)}\xi(\omega) + \frac{E_b(\omega)}{d(\omega)}\delta c_{\mathrm{in}}^{\dagger}(\omega) + \frac{E_c(\omega)}{d(\omega)}\delta c_{\mathrm{in}}(\omega) + \frac{E_d(\omega)}{d(\omega)}\delta A_{\mathrm{in}}^{\dagger}(\omega) + \frac{E_e(\omega)}{d(\omega)}\delta A_{\mathrm{in}}(\omega)$$

$$\tag{7.15}$$

在这里，

$$E_a(\omega) = -\frac{\mathrm{i}c_s F_a G_t S}{G_{\mathrm{atom}}^2 + RS}$$

$$E_b(\omega) = -\frac{\mathrm{i}c_s F_b G_t S}{G_{\mathrm{atom}}^2 + RS}$$

$$E_c(\omega) = \frac{S(-\mathrm{i}c_s F_c G_t + \sqrt{2\kappa}\,d)}{G_{\mathrm{atom}}^2 + RS}$$

$$E_d(\omega) = -\frac{\mathrm{i}c_s F_d G_t S}{G_{\mathrm{atom}}^2 + RS} \tag{7.16}$$

$$E_e(\omega) = -\frac{\mathrm{i}(c_s F_e G_t S + \sqrt{2\gamma_a}\,d G_{\mathrm{atom}})}{G_{\mathrm{atom}}^2 + RS}$$

根据输入-输出关系[61]，输出光场的涨落 $\delta c_{\mathrm{out}}(t)$ 满足：$\delta c_{\mathrm{out}}(t) = \sqrt{2\kappa}\,\delta c(t) - \delta c_{\mathrm{in}}(t)$。
为了便于计算，定义两种新的涨落 $\delta x_{\mathrm{out}}(t)$ 和 $\delta y_{\mathrm{out}}(t)$ 为

$$\delta x_{\mathrm{out}}(t) = \delta c_{\mathrm{out}}(t) + \delta c_{\mathrm{out}}^\dagger(t)$$

$$\delta y_{\mathrm{out}}(t) = \mathrm{i}\left[\delta c_{\mathrm{out}}^\dagger(t) - \delta c_{\mathrm{out}}(t)\right] \tag{7.17}$$

在频域范围内，输出光场的光谱密度为 $S_{\mathrm{cout}}(\omega)$，输出光场在 x 轴方向的正交分量的涨落
谱为 $S_{x\mathrm{out}}(\omega)$，输出光场在 y 轴方向的正交分量的涨落谱为 $S_{y\mathrm{out}}(\omega)$，分别满足下列关联
函数：

$$\langle \delta c_{\mathrm{out}}^\dagger(\omega')\delta c_{\mathrm{out}}(\omega)\rangle = 2\pi S_{\mathrm{cout}}(\omega)\delta(\omega' + \omega)$$

$$\langle \delta x_{\mathrm{out}}^\dagger(\omega')\delta x_{\mathrm{out}}(\omega)\rangle = 2\pi S_{x\mathrm{out}}(\omega)\delta(\omega' + \omega) \tag{7.18}$$

$$\langle \delta y_{\mathrm{out}}^\dagger(\omega')\delta y_{\mathrm{out}}(\omega)\rangle = 2\pi S_{y\mathrm{out}}(\omega)\delta(\omega' + \omega)$$

根据式(7.15)和式(7.18)，得到 $S_{\mathrm{cout}}(\omega)$，$S_{x\mathrm{out}}(\omega)$，$S_{y\mathrm{out}}(\omega)$ 的表达式为：

$$S_{\mathrm{cout}}(\omega) = \left|\frac{\sqrt{2\kappa}E_b(\omega)}{d(\omega)}\right|^2 + \left|\frac{\sqrt{2\kappa}E_d(\omega)}{d(\omega)}\right|^2 + \left|\frac{\sqrt{2\kappa}E_a(\omega)}{d(\omega)}\right|^2\left(\frac{\gamma_m\omega}{\omega_m}\right)\left[\coth\left(\frac{\hbar\omega}{2k_B T}\right) - 1\right]$$

$$S_{x\mathrm{out}}(\omega) = \left|\left(\frac{\sqrt{2\kappa}E_{ct}(\omega)}{d_t(\omega)} - 1\right) + \frac{\sqrt{2\kappa}E_{bg}(\omega)}{d_g(\omega)}\right|^2 + \left|\frac{\sqrt{2\kappa}E_{et}(\omega)}{d_t(\omega)} + \frac{\sqrt{2\kappa}E_{dg}(\omega)}{d_g(\omega)}\right|^2 +$$

$$\left(\frac{\sqrt{2\kappa}E_{at}(\omega)}{d_t(\omega)} + \frac{\sqrt{2\kappa}E_{ag}(\omega)}{d_g(\omega)}\right)\left(\frac{\sqrt{2\kappa}E_a(\omega)}{d(\omega)} + \frac{\sqrt{2\kappa}E_{atg}(\omega)}{d_{tg}(\omega)}\right)\left(\frac{\gamma_m\omega}{\omega_m}\right)\left[\coth\left(\frac{\hbar\omega}{2k_B T}\right) - 1\right]$$

$$S_{y\mathrm{out}}(\omega) = -\left|\left(\frac{\sqrt{2\kappa}E_{ct}(\omega)}{d_t(\omega)} - 1\right) - \frac{\sqrt{2\kappa}E_{bg}(\omega)}{d_g(\omega)}\right|^2 - \left|\frac{\sqrt{2\kappa}E_{et}(\omega)}{d_t(\omega)} - \frac{\sqrt{2\kappa}E_{dg}(\omega)}{d_g(\omega)}\right|^2 +$$

$$\left(\frac{\sqrt{2\kappa}E_{at}(\omega)}{d_t(\omega)} - \frac{\sqrt{2\kappa}E_{ag}(\omega)}{d_g(\omega)}\right)\left(-\frac{\sqrt{2\kappa}E_a(\omega)}{d(\omega)} + \frac{\sqrt{2\kappa}E_{atg}(\omega)}{d_{tg}(\omega)}\right)\left(\frac{2\gamma_m\omega}{\omega_m}\right)\left[\coth\left(\frac{\hbar\omega}{2k_B T}\right) - 1\right]$$

$$\tag{7.19}$$

式中，$d_g(\omega) = [d(\omega)]^*$，$d_t(\omega) = d(-\omega)$，$d_{tg}(\omega) = [d_t(\omega)]^*$，$E_{vg}(\omega) = [E_v(\omega)]^*$，$E_{vt}(\omega) = E_v(-\omega)$，$E_{vtg}(\omega) = [E_{vt}(\omega)]^*$，$(v = a, b, c, d, e)$。

7.3 结果分析与讨论

本节主要研究了原子系综和平方光机械耦合强度对力学振子的位移谱 $S_Q(\omega)$ 以及输出场的光谱 $S_{cout}(\omega)$，$S_{xout}(\omega)$，$S_{yout}(\omega)$ 的影响。选取如下参数[49-54]：温度 $T = 300\text{mK}$，力学振子的质量 $m = 145\text{ng}$，力学振子的频率 $\omega_m = 2\pi \times 947 \times 10^3\text{Hz}$，力学振子的衰减率 $\gamma_m = \frac{\omega_m}{6700}\text{Hz}$，力学振子与光学腔场的线性耦合为 $g_l = 2\pi \times 3.95\text{Hz}$，力学振子与光学腔场的平方耦合为 $g_q = \eta \times g_l \times 10^{-6}\text{Hz}$，也就是 $\eta = \frac{g_q}{g_l} \times 10^6$。光学腔场的衰减率 $\kappa = 2\pi \times 215 \times 10^3$ Hz，泵浦场的波长 $\lambda_l = 1064\text{nm}$，泵浦场的幅度 $\varepsilon_l = \sqrt{\frac{2\kappa P}{\hbar \omega_l}}$，泵浦场的功率 $P = 10.7\text{mW}$。原子系综与光腔场之间的集体相互作用强度 $G_{atom} = 2\pi \times 0.6 \times 10^5\text{Hz}$，原子系综的衰减率 $\gamma_a = 2\pi \times 10^3\text{Hz}$，控制光场与原子系综之间的耦合强度 $\Gamma = 0.15\varepsilon_l$，在可解边带条件下 $\omega_m > \kappa$，假设失谐量为 $\Delta_t = \Delta_a = \omega_m$，需要指出的是，热 Rb87 缓冲气体[62,63]和在硅片的氮化硅薄膜($1\text{mm} \times 1\text{mm} \times 50\text{nm}$)[44,64]可能被用于实验。

如图 7.2 所示，当 $G_{atom} = 0$ 时，考虑不同的参数 η，研究可移动薄膜的位移涨落光谱 $S_Q(\omega)$、输出光场的光谱密度 $S_{cout}(\omega)$、输出光场在 x 轴方向的正交分量的涨落谱 $S_{xout}(\omega)$、输出光场在 y 轴方向的正交分量的涨落谱 $S_{yout}(\omega)$ 随 ω/ω_m 的变化规律。当参数 η 从 $\eta = -9$ 变化到 $\eta = 5$(也就是从负的平方耦合作用变换到正的平方耦合作用)时，左侧的峰逐渐减小直至消失，右侧的峰逐渐增加到一个相对左侧的峰较大的值。这意味着，随着参数 η 的增加，光谱 $S_Q(\omega)$ 从双峰(即出现正交模式劈裂)变换为单峰(即没有正交模式劈裂)。换句话说，通过选择合适的参数 η，能够实现更好的正交模式劈裂。具体来说，在图 7.2(a)中出现的 6 个不同的 η 值(也就是 $\eta = -9$，$\eta = -5$，$\eta = -3$，$\eta = 0$，$\eta = 3$，$\eta = 5$) 中，当 $\eta = -3$ 时，左侧峰值和右侧峰值之间的差距是最小的；当 $\eta = -9$ 时，左侧峰值要大于 $\eta = -5$ 时左侧峰值，$\eta = -5$ 时左侧峰值也大于 $\eta = -3$ 时左侧峰值；而当 $\eta = -9$ 时，右侧峰值小于 $\eta = -5$ 时右侧峰值，$\eta = -5$ 时右侧峰值也小于 $\eta = -3$ 时右侧峰值。

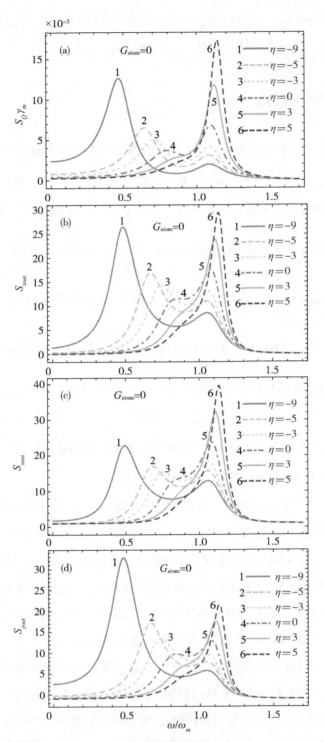

图 7.2　当 $G_{atom}=0$ 时，对于不同的参数 η，可移动薄膜的位移涨落光谱 $S_Q(\omega)$（a），输出光场的光谱密度 $S_{cout}(\omega)$（b），输出光场在 x 轴方向的正交分量的涨落谱 $S_{xout}(\omega)$（c），输出光场在 y 轴方向的正交分量的涨落谱 $S_{yout}(\omega)$（d）随 ω/ω_m 的变化规律

对于 $G_{atom} = 0$，$\kappa \gg \gamma_m$，$\omega_m \gg \kappa$，$\Delta_t \gg \gamma_m$ 的情况，式(7.12)表达式中 $d(\omega)$ 被约化为

$$d(\omega) = 2G_t^2 \omega_m \Delta_t |c_s|^2 + (\omega^2 - \omega_m \omega_t)(\Delta_t^2 - \omega^2) \qquad (7.20)$$

由于式(7.20)是关于 ω^4 的多项式，当 $d(\omega) = 0$ 时，正实根 $(\omega_\pm)$ 的数量为两个，即在正交模式劈裂中双峰的位置由这些根来决定：

$$\omega_\pm^2 = \pm \frac{1}{2}\sqrt{(\Delta_t^2 - \omega_m \omega_t^2 + (8G_t^2 \omega_m \Delta_t |c_s|^2))} + \frac{1}{2}(\Delta_t^2 + \omega_m \omega_t) \qquad (7.21)$$

在图7.3中，研究 $d(\omega)$ 的正实根 $\omega_\pm / \omega_m$ 随不同参数 η 的变化规律。左侧峰的位置用 1 号线 (ω_+ / ω_m) 表示，右侧峰的位置用 2 号线 (ω_- / ω_m) 表示。随着参数 η 的增加，左侧峰与右侧峰之间的间距（即 $\omega_+ - \omega_-$）逐渐减小。具体来说，对于 $\eta = -9$，得到 $\omega_+ \approx 1.114\omega_m$ 和 $\omega_- \approx 0.453\omega_m$；对于 $\eta = -5$，得到 $\omega_+ \approx 1.122\omega_m$ 和 $\omega_- \approx 0.619\omega_m$。

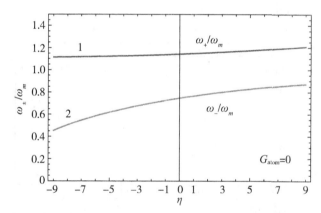

图7.3 表达式 $d(\omega)$ 的正实根 $\omega_\pm / \omega_m$ 随不同参数 η 的变化规律

在图7.4中，研究当 $G_{atom} = 2\pi \times 0.6 \times 10^5 \text{Hz}$ 时，对于三个不同的参数 $\eta(-7, -9, -11)$，可移动薄膜的位移涨落光谱 $S_Q(\omega)$ [图7.4(a)]、输出光场的光谱密度 $S_{cout}(\omega)$ [图7.4(b)]、输出光场在 x 轴方向的正交分量的涨落谱 $S_{xout}(\omega)$ [图7.4(c)]、输出光场在 y 轴方向的正交分量的涨落谱 $S_{yout}(\omega)$ [图7.4(d)]随 ω/ω_m 的变化规律。图7.4(a)中出现一个有趣现象：即在可移动薄膜的位移涨落光谱 $S_Q(\omega)$ 中出现了三个峰，这与传统的正交模式劈裂中位移涨落光谱的双峰谱是不同的。由于原子系综与光腔场之间的集体相互作用，其强度为 $G_{atom} = 2\pi \times 0.6 \times 10^5 \text{Hz}$，位移涨落谱会出现一个额外的峰，这是原子与光腔场之间的真空拉比劈裂导致的[24,65,66]。进一步来说，当原子系综与光腔场之间的集体相互作用强度 $G_{atom} = 2\pi \times 0.6 \times 10^5$ 保持不变时，即使 η 值不同，中间峰的位置仍保持不变。

对于 $G_{atom} \neq 0$，$\kappa \gg \gamma_m$，$\omega_m \gg \kappa$，$\Delta_t \gg \gamma_m$ 的情况，式(7.12)中 $d(\omega)$ 被简化为

$$d(\omega) = \omega^2 [2G_t^2 \omega_m \Delta_t |c_s|^2 + (\omega^2 - \omega_m \omega_t)(\Delta_t^2 - \omega^2)] - G_{atom}^2(G_{atom}^2 - 2\omega^2)(\omega^2 - \omega_m \omega_t)$$

$$(7.22)$$

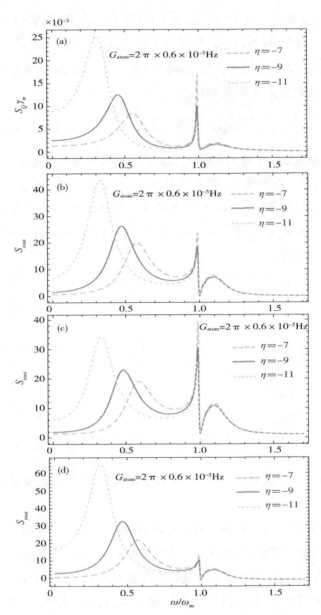

图 7.4　当 $G_{atom} = 2\pi \times 0.6 \times 10^5\,Hz$ 时，对于三个不同的 y 值(-7，-9，-11)，可移动薄膜的位移涨落光谱 $S_Q(\omega)$ (a)、输出光场的光谱密度 $S_{cout}(\omega)$ (b)、输出光场在 x 轴方向的正交分量的涨落谱 $S_{xout}(\omega)$ (c)、输出光场在 y 轴方向的正交分量的涨落谱 $S_{yout}(\omega)$ (d)随 ω/ω_m 的变化规律

　　由于式(7.22)是关于 ω^6 的多项式，当 $d(\omega) = 0$ 时，其正实根的数量为 3，决定着正交模式劈裂中三个峰的位置。中间新出现的峰来源于原子系综和光学腔场之间的耦合相互作用。具体来说，当 $\eta = -7$ 时，中间峰的峰值远大于 $\eta = -9$ 和 $\eta = -11$ 时中间峰的峰值。

　　图 7.5 研究当 $\eta = -9$ 时，对于三个不同的参数 G_{atom}，可移动薄膜的位移涨落光谱 $S_Q(\omega)$ [图 7.5(a)]、输出光场的光谱密度 $S_{cout}(\omega)$ [图 7.5(b)]、输出光场在 x 轴方向的

正交分量的涨落谱 $S_{xout}(\omega)$ [图 7.5(c)]、输出光场在 y 轴方向的正交分量的涨落谱 $S_{yout}(\omega)$ [图 7.5(d)]随 ω/ω_m 的变化规律。在图 7.5(a)中，随着参数 G_{atom} 增加，最左端的峰与最右端的峰之间的间距变宽，中间峰的峰值变大。对比图 7.4 和图 7.5 可知，原子系综与光腔场之间的集体相互作用强度 G_{atom} 决定了中间峰的位置，而参数 η 对于最左侧峰的幅值有重要的影响。

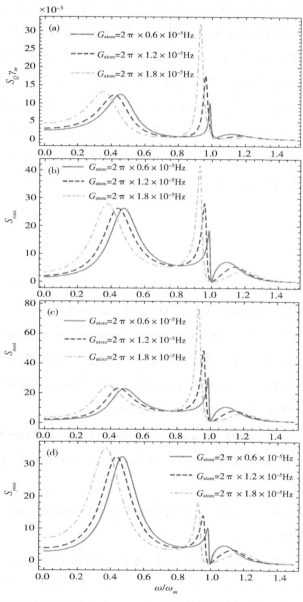

图 7.5 当 $\eta = -9$ 时，对于三个不同的参数 G_{atom}，可移动薄膜的位移涨落光谱 $S_Q(\omega)$ (a)，输出光场的光谱密度 $S_{cout}(\omega)$ (b)，输出光场在 x 轴方向的正交分量的涨落谱 $S_{xout}(\omega)$ (c)，输出光场在 y 轴方向的正交分量的涨落谱 $S_{yout}(\omega)$ (d)随 ω/ω_m 的变化规律

7.4 本章小结

本章主要讨论了原子系综的存在、光腔与力学薄膜之间的平方耦合作用对薄膜的位移涨落光谱、输出光场的光谱密度、输出光场在 x 轴方向的正交分量的涨落谱、输出光场在 y 轴方向的正交分量涨落谱的影响。当只考虑平方耦合作用(即没有原子系综存在于光力学系统)时,负的平方耦合强度有利于出现正交模式劈裂(双峰谱),而正的平方耦合强度只能出现单峰谱(没有正交模式劈裂)。当考虑光力间平方耦合和原子系综存在的共同影响时,可移动薄膜的位移涨落谱显示为三峰谱。具体来说,当增加负的平方耦合强度时:左侧峰的幅度变大,其位置向左边移动;中间峰的幅值变大,其位置几乎不变;右侧峰的幅值和其位置几乎不变。此外,当保持平方耦合强度不变,增加原子系综与光腔场之间的集体相互作用强度时:左侧峰的幅度几乎不变,其位置向左移动;中间峰的幅度变得很大,其位置向左移动;右侧峰的幅度减小,其位置向右移动。

◎ 本章参考文献

[1] Vitali D, Gigan S, Ferreira A, et al. Optomechanical entanglement between a movable mirror and a cavity field[J]. Phys. Rev. Lett., 2007, 98: 030405.

[2] Feng X M, Yin X, Yu Y F, et al. Ponderomotive squeezing and entanglement in a ring cavity with two vibrational mirrors[J]. Chin. Phys. B, 2015, 24: 050301.

[3] Lü X Y, Zhu G L, Zheng L L, et al. Entanglement and quantum superposition induced by a single photon[J]. Phys. Rev. A, 2018, 97: 033807.

[4] Huang S, Chen A. Quadrature-squeezed light and optomechanical entanglement in a dissipative optomechanical system with a mechanical parametric drive [J]. Phys. Rev. A, 2018, 98: 063843.

[5] Weis S, Riviere R, Deleglise S, et al. Optomechanically induced transparency[J]. Science, 2010, 330: 1520-1523.

[6] Safavi-Naeini A H, Alegre M T P, Chan J, et al. Electromagnetically induced transparency and slow light with optomechanics[J]. Nature, 2011, 472(7341): 69-73.

[7] Xiong H, Si L G, Zheng A S, et al. Higher-order sidebands in optomechanically induced transparency[J]. Phys. Rev. A, 2012, 86: 013815.

[8] Kronwald A, Marquardt F. Optomechanically induced transparency in the nonlinear quantum

regime[J]. Phys. Rev. Lett., 2013, 111: 133601.

[9]He Q, Badshah F, Din R U, et al. Optomechanically induced transparency and the long-lived slow light in a nonlinear system[J]. J. Opt. Soc. Am. B, 2018, 35(7): 1649-1657.

[10]He Q, Badshah F, Din R U, et al. Multiple transparency in a multimode quadratic coupling optomechanical system with an ensemble of three-level atoms[J]. J. Opt. Soc. Am. B, 2018, 35: 2550-2561.

[11]He Q, Badshah F, Zhang H, et al. Novel transparency, absorption and amplification in a driven optomechanical system with a two-level defect[J]. Laser Phys. Lett., 2019, 16 (3): 035202.

[12]Fano U. Effects of configuration interaction on intensities and phase shifts[J]. Phys. Rev., 1961, 124: 1866-1878.

[13]Miroshnichenko A E, Flach S, Kivshar Y S. Fano resonances in nanoscale structures[J]. Rev. Mod. Phys., 2010, 82: 2257-2298.

[14]Jiang C, Jiang L, Yu H, et al. Fano resonance and slow light in hybrid optomechanics mediated by a two-level system[J]. Phys. Rev. A, 2017, 96(5): 053821.

[15]Gu K H, Yan X B, Zhang Y, et al. Tunable slow and fast light in an atom-assisted optomechanical system[J]. Opt. Commun., 2015, 338: 569-573.

[16]Liu Y C, Xiao Y F, Luan X, et al. Dynamic dissipative cooling of a mechanical resonator in strong coupling optomechanics[J]. Phys. Rev. Lett., 2013, 110(15): 153606.

[17]Lai D G, Zou F, Hou B P, et al. Simultaneous cooling of coupled mechanical resonators in cavity optomechanics[J]. Phys. Rev. A, 2018, 98(2): 023860.

[18]Li T, Zhang S, Huang H L, et al. Ground state cooling in a hybrid optomechanical system with a three-level atomic ensemble[J]. J. Phys. B, 2018, 51: 045503.

[19]Collett M J, Walls D F. Squeezing spectra for nonlinear optical systems[J]. Phys. Rev. A, 1985, 32: 2887-2892.

[20]Mancini S, Tombesi P. Quantum noise reduction by radiation pressure[J]. Phys. Rev. A, 1994, 49: 4055-4065.

[21]Marino F, Cataliotti F S, Farsi A, et al. Classical signature of ponderomotive squeezing in a suspended mirror resonator[J]. Phys. Rev. Lett., 2016, 104: 073601.

[22]Safavi-Naeini A H, Groblacher S, Hill J T, et al. Squeezed light from a silicon micromechanical resonator[J]. Nature, 2013, 500(7461): 185-189.

[23]Purdy T P, Yu P L, Peterson R W, et al. Strong optomechanical squeezing of light[J].

Phys. Rev. X, 2013, 3：031012.

[24] Thompson R J, Rempe G, Kimble H J. Observation of normal-mode splitting for an atom in an optical cavity[J]. Phys. Rev. Lett., 1992, 68：1132-1135.

[25] Klinner J, Lindholdt M, Nagorny B, et al. Normal mode splitting and mechanical effects of an optical lattice in a ring cavity[J]. Phys. Rev. Lett., 2006, 96：023002.

[26] Dobrindt J M, Wilson-Rae I, Kippenberg T J. Parametric normal-mode splitting in cavity optomechanics[J]. Phys. Rev. Lett., 2008, 101(26)：263602.

[27] Groblacher S, Hammerer K, Vanner M R, et al. Observation of strong coupling between a micromechanical resonator and an optical cavity field[J]. Nature, 2009, 460：724-727.

[28] Huang S, Agarwal G S. Normal-mode splitting in a coupled system of a nanomechanical oscillator and a parametric amplifier cavity[J]. Phys. Rev. A, 2009, 80(3)：033807.

[29] Barzanjeh S, Naderi M H, Soltanolkotabi M. Steady-state entanglement and normal-mode splitting in an atom-assisted optomechanical system with intensity-dependent coupling[J]. Phys. Rev. A, 2011, 84：063850.

[30] Han Y, Cheng J, Zhou L. Normal-mode splitting in the atomassisted optomechanical cavity [J]. Phys. Scr., 2013, 88：065401.

[31] Shahidani S, Naderi M, Soltanolkotabi M. Normal-mode splitting and output-field squeezing in a Kerr-down conversion optomechanical system [J]. J. Mod. Opt., 2015, 62(2)：114-124.

[32] Motazedifard A, Bemani F, Naderi M H, et al. Force sensing based on coherent quantum noise cancellation in a hybrid optomechanical cavity with squeezed-vacuum injection[J]. New J. Phys., 2016, 18：073040.

[33] Huang S, Agarwal G S. Robust force sensing for a free particle in a dissipative optomechanical system with a parametric amplifier[J]. Phys. Rev. A, 2017, 95：023844.

[34] Liu F, Alaie S, Leseman Z C, et al. Sub-pg mass sensing and measurement with an optomechanical oscillator[J]. Opt. Express, 2013, 21：19555-19567.

[35] Liu S, Liu B, Wang J, et al. Realization of a highly sensitive mass sensor in a quadratically coupled optomechanical system[J]. Phys. Rev. A, 2019, 99(3)：033822.

[36] Liu S, Liu B, Yang W X. Highly sensitive mass detection based on nonlinear sum-sideband in a dispersive optomechanical system[J]. Opt. Express, 2019, 27：3909-3919.

[37] Xiong H, Si L G, Wu Y. Precision measurement of electrical charges in an optomechanical system beyond linearized dynamics[J]. Appl. Phys. Lett., 2017, 110：171102.

［38］Liu Z X, Xiong H. Highly sensitive charge sensor based on atom-assisted high-order sideband generation in a hybrid optomechanical system［J］. Sensors, 2018, 18: 3833.

［39］Stannigel K, Rabl P, Sørensen A S, et al. Optomechanical transducers for quantum-information processing［J］. Phys. Rev. A, 2011, 84: 042341.

［40］Habraken S J M, Stannigel K, Lukin M D, et al. Continuous mode cooling and phonon routers for phononic quantum networks［J］. New J. Phys., 2012, 14: 115004.

［41］Fu H, Gong Z C, Yang L P, et al. Coherent optomechanical switch for motion transduction based on dynamically localized mechanical modes［J］. Phys. Rev. Appl., 2018, 9: 054024.

［42］Nunnenkamp A, Borkje K, Harris J G E, et al. Cooling and squeezing via quadratic optomechanical coupling［J］. Phys. Rev. A, 2010, 82(2): 021806.

［43］Xuereb A, Paternostro M. Selectable linear or quadratic coupling in an optomechanical system［J］. Phys. Rev. A, 2013, 87(2): 023830.

［44］Thompson J D, Zwickl B M, Jayich A M, et al. Strong dispersive coupling of a highfinesse cavity to a micromechanical membrane［J］. Nature, 2008, 452: 72-75.

［45］Bhattacharya M, Uys H, Meystre P. Optomechanical trapping and cooling of partially reflective mirrors［J］. Phys. Rev. A, 2008, 77(3): 033819.

［46］Huang Y X, Zhou X F, Guo G C, et al. Dark state in a nonlinear optomechanical system with quadratic coupling［J］. Phys. Rev. A, 2015, 92: 013829.

［47］Dalafi A, Naderi M H, Motazedifard A. Effects of quadratic coupling and squeezed vacuum injection in an optomechanical cavity assisted with a Bose-Einstein condensate ［J］. Phys. Rev. A, 2018, 97: 043619.

［48］Liu S, Yang W X, Zhu Z, et al. Quadrature squeezing of a higher-order sideband spectrum in cavity optomechanics［J］. Opt. Lett., 2018, 43: 9-12.

［49］Huang S, Agarwal G S. Electromagnetically induced transparency from two-phonon processes in quadratically coupled membranes［J］. Phys. Rev. A, 2011, 83(2): 023823.

［50］Xiao R J, Pan G X, Zhou L. Analog multicolor electromagnetically induced transparency in multimode quadratic coupling quantum optomechanics ［J］. J. Opt. Soc. Am. B, 2015, 32 (7): 1399-1405.

［51］Sainadh U S, Kumar M A. Effects of linear and quadratic dispersive couplings on optical squeezing in an optomechanical system［J］. Phys. Rev. A, 2015, 92: 033824.

［52］Sainadh U S, Kumar M A. Mimicking a hybrid-optomechanical system using an intrinsic quadratic coupling in conventional optomechanical system ［J］. J. Mod. Opt., 2019, 66:

494-501.

［53］Chang Y, Shi T, Liu Y X, et al. Multistability of electromagnetically induced transparency in atom-assisted optomechanical cavities［J］. Phys. Rev. A, 2011, 83(6): 063826.

［54］Wei W Y, Yu Y F, Zhang Z M. Multi-window transparency and fast-slow light switching in a quadratically coupled optomechanical system assisted with three-level atoms［J］. Chin. Phys. B, 2018, 27(3): 34204.

［55］Wu Y H, Hu Q, Ma P C. Controllable bistability and normal mode splitting in an optomechanical system assisted by an atomic ensemble［J］. Int. J. Theor. Phys., 2017, 56: 1635-1645.

［56］Xiao Y, Yu Y F, Zhang Z M. Controllable optomechanically induced transparency and ponderomotive squeezing in an optomechanical system assisted by an atomic ensemble［J］. Opt. Express, 2014, 22: 17979-17989.

［57］Holstein T, Primakoff H. Field dependence of the intrinsic domain magnetization of a ferromagnet［J］. Phys. Rev., 1940, 58: 1098-1113.

［58］Ian H, Gong Z R, Liu Y X, et al. Cavity optomechanical coupling assisted by an atomic gas ［J］. Phys. Rev. A, 2008, 78(1): 013824.

［59］Gardiner C, Zoller P. Quantum Noise［M］. Springer, 1991.

［60］Genes C, Vitali D, Tombesi P. et al. Ground-state cooling of a micromechanical oscillator: comparing cold damping and cavity-assisted cooling schemes［J］. Phys. Rev. A, 2008, 77 (3): 033804.

［61］Walls D F, Milburn G J. Quantum Optics［M］. Springer, 1994.

［62］Akulshin M A, Barreiro S, Lezama A. Electromagnetically induced absorption and transparency due to resonant two-field excitation of quasidegenerate levels in Rb vapor［J］. Phys. Rev. A, 1998, 57: 2996-3002.

［63］Mikhailov E E, Rostovtsev Y V, Welch G R. Group velocity study in hot Rb-87 vapour with buffer gas［J］. J. Mod. Opt., 2003, 50(15-17): 2645-2654.

［64］Sankey J C, Yang C, Zwickl B M, et al. Strong and tunable nonlinear optomechanical coupling in a low-loss system［J］. Nat. Phys., 2010, 6(9): 707-712.

［65］Sanchez-Mondragon J J, Narozhny N B, Eberly J H. Theory of spontaneous-emission line shape in an ideal cavity［J］. Phys. Rev. Lett., 1983, 51: 550-553.

［66］Agarwal G S. Vacuum-field Rabi splittings in microwave absorption by Rydberg atoms in a cavity［J］. Phys. Rev. Lett., 1984, 53: 1732-1734.

第8章　多模平方耦合混合光力学系统中透明、斯托克斯和反斯托克斯现象

8.1　概述

光机械系统[1-3]在许多方面引起了研究者的兴趣。近年来，光机械系统发展迅速，其研究方向包括宇称-时间对称的耦合微腔[4]、含有玻色-爱因斯坦凝聚的腔光力学[5-7]、量子基态冷却[8]、声子阻塞[9]和光力学压缩[10]。此外，量子纠缠[11]、光力诱导透明[12,13]、输出场的正交模式劈裂[14,15]、量子传感[16-21]等相关研究也是热门的研究领域。

在传统的光力学系统中，一个强泵浦场和一个弱探针场分别入射光学腔中，其中机械膜与光腔场的耦合相互作用强度与机械膜的位移成正比。然而，一些有趣的研究密切关注光学腔与力学振子之间的平方光力耦合作用[22-30]。例如，Thompson 等解释了机械膜的位置对光腔频率有显著影响。具体来说，当机械薄膜位于光腔场的 Node（或 Antinode）处时，就会出现光腔场频率的极值[22]。进一步来说，Huang 等研究光力学系统中会产生单光力诱导透明，且存在一个窄的透明窗口 dip[24]；Xiao 等研究多个力学模式与单个光学腔场之间的耦合作用，会产生双光力诱导透明现象，其中光力平方耦合强度是由力学薄膜在光学腔场中的位置决定的[25]。机械薄膜与光腔场之间的平方光力耦合相互作用，为探索量子体系中的各种非线性现象提供了一种可行的方法[31,32]。因此，研究机械薄膜与光腔场平方耦合作用是非常有意义的。

此外，简并光学参量放大器是一种二阶光学晶体，它可以产生下转换的光子对，并显示出近乎完美的单压缩或双压缩。许多有趣的研究是关于光力学与光学参数放大器之间的相互作用[33-39]的。例如，通过选择合适的光学参数放大器非线性增益强度，可以实现更有效的机械膜冷却[33]。同样，当光学参数放大器存在泵浦相位噪声时，对于光力学系统中力学腔镜的冷却有显著影响[34]。在具有光学参数放大器的非线性光机械腔中，可研究输出光场的光学响应和可调谐的慢光与快光效应[35]。此外，当选择合适的光学参数放大器的非线性增益参数时，可以灵活地控制光学腔内平均光子数的多稳定态行为[36]。

Shahidani 等研究了包含两个可移动机械薄膜组成的光机械系统中的光力诱导透明现象，在这里，光腔中包含一个克尔下转换的非线性晶体，且机械薄膜与光腔场之间的耦合相互作用强度与机械薄膜的位移成正比[37]。最近，Motazedifard 等利用格林函数方法研究了被驱动的耗散光力学系统的线性响应，其可以用来解释正态模式劈裂和光力诱导透明现象[38]。

本章混合光力学系统包含了放置在法布里-珀罗光学腔中的简并光学参数放大器和两个力学薄膜（其中每个力学薄膜与光学腔之间是平方耦合作用）。此外，两个力学薄膜可以看作量子化力学振子（MR1 和 MR2），光学腔分别由一个强的泵浦场和一个弱的经典探测场所驱动。在多模平方耦合的光力学系统中，可研究力学振子 MR1(MR2) 和光学腔之间的平方耦合相互作用、力学振子 MR1(MR2) 的频率、光学参数放大器的增益强度、驱动光学参数放大器的光场相位等参数，对光力诱导透明和在斯托克斯（反斯托克斯）过程中输出功率的重要影响。具体来说，两个力学振子 MR1(MR2) 与光腔场之间的平方耦合相互作用由力学振子 MR1(MR2) 在光学腔中的位置决定。光力诱导透明窗口 dips 的差异来源于力学薄膜与光学腔之间的平方耦合相互作用强度以及力学薄膜的频率不同。此外，对于两种相同（或者不同）力学薄膜来说，改变光学参数放大器的非线性增益和驱动光学参数放大器的光场相位，能够对斯托克斯（反斯托克斯）过程中输出功率有显著影响。具体来说，在存在光学参数放大器的情况下，可以实现关于斯托克斯场的放大和吸收的相互转换。

8.2　理论模型

混合光力学系统示意图如图 8.1 所示，法布里-珀罗光学腔包含两个固定镜（即腔镜 A 是部分透射的，腔镜 B 是完全反射的），其中力学振子 MR1(MR2) 与光学腔之间的耦合作用是平方耦合的。光腔场由频率为 ω_p 的弱探测光场和频率为 ω_l 的强泵浦场来驱动，其中来自环境的输入量子噪声为 c_{in} 和输出光场为 c_{out}。力学薄膜 MR1 和 MR2 偏离其平衡位置的位移分别为 q_1 和 q_2。此外，简并的光学参数放大器也被放置在光学腔内，其被激光泵浦后可以产生参数放大。

混合光力学系统的哈密顿量表示为

$$H = \hbar \omega_c c^\dagger c + \hbar g_1 c^\dagger c q_1^2 + \left(\frac{p_1^2}{2m_1} + \frac{1}{2} m_1 \omega_1^2 q_1^2 \right) + \hbar g_2 c^\dagger c q_2^2 + \left(\frac{p_2^2}{2m_2} + \frac{1}{2} m_2 \omega_2^2 q_2^2 \right) +$$

$$i \hbar G_a (e^{i\theta} c^{\dagger 2} e^{-2i\omega_l t} - e^{-i\theta} c^2 e^{2i\omega_l t}) + i \hbar \varepsilon_l (c^\dagger e^{-i\omega_l t} - c e^{i\omega_l t}) + i \hbar \varepsilon_p (c^\dagger e^{-i\omega_p t} - c e^{i\omega_p t})$$

$$(8.1)$$

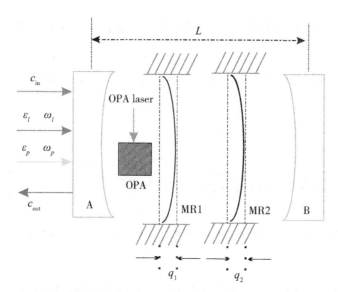

图 8.1　混合光力学系统由两个力学薄膜(MR1 和 MR2)、光学腔场和光学参数放大器组成。在这里，光学腔场被一个强的泵浦场(频率为 ω_l)和一个弱的探测场(频率为 ω_p)所驱动

　　式中，第一项描述光学腔场的哈密顿量(光学场频率为 ω_c，产生算符为 $c^\dagger$，湮灭算符为 c)；第三项(第五项)表示力学振子 MR1(力学振子 MR2)的哈密顿量，其中，频率为 ω_1(频率为 ω_2)，有效质量为 m_1(有效质量为 m_2)，位移为 q_1(位移为 q_2)，动量为 p_1(动量为 p_2)；第二项(第四项)表示光学腔场与力学振子 MR1(力学振子 MR2)之间的平方耦合相互作用哈密顿量，其中，$g_1(g_2)$ 表示光学腔场与力学振子 MR1(MR2)之间的平方耦合强度[24]；第六项表示光学腔场与光学参数放大器之间的相互作用的哈密顿量，其中，G_a 表示光学参数放大器的非线性耦合参数，θ 为驱动光学参数放大器的场的相位。光学腔场被一个强泵浦场(频率为 ω_l，功率为 P_l，幅度为 $\varepsilon_l = \sqrt{\dfrac{2\kappa P_l}{\hbar\,\omega_l}}$)和一个弱的驱动场(频率为 ω_p，功率为 P_p，幅度为 $\varepsilon_p = \sqrt{\dfrac{2\kappa P_p}{\hbar\,\omega_p}}$)所驱动，最后两项分别表示泵浦场(探测场)和光学场之间的相互作用哈密顿量。

　　在旋转框架中，对式(8.1)进行幺正变换[40]：$U(t) = \exp(-\mathrm{i}\omega_l c^\dagger c t)$，得到混合系统新的哈密顿量为

$$
\begin{aligned}
H^R &= U^\dagger(t) H U(t) - \mathrm{i}\,\hbar\, U^\dagger(t)\left(\frac{\partial U(t)}{\partial t}\right) \\
&= \hbar\,\Delta_c c^\dagger c + \hbar\, g_1 c^\dagger c q_1^2 + \left(\frac{p_1^2}{2m_1} + \frac{1}{2}m_1\omega_1^2 q_1^2\right) + \hbar\, g_2 c^\dagger c q_2^2 + \left(\frac{p_2^2}{2m_2} + \frac{1}{2}m_2\omega_2^2 q_2^2\right) + \\
&\quad \mathrm{i}\,\hbar\, G_a(\mathrm{e}^{\mathrm{i}\theta}c^{\dagger 2} - \mathrm{e}^{-\mathrm{i}\theta}c^2) + \mathrm{i}\,\hbar\,\varepsilon_l(c^\dagger - c) + \mathrm{i}\,\hbar\,\varepsilon_p(c^\dagger \mathrm{e}^{-\mathrm{i}\delta t} - c\,\mathrm{e}^{\mathrm{i}\delta t})
\end{aligned}
\tag{8.2}
$$

式中，$\Delta_c = \omega_c - \omega_l$，是光学腔场与泵浦场之间的失谐量；$\delta = \omega_p - \omega_l$，是光学腔场与探测场之间的失谐量。

接下来，把衰减项和涨落项引入光力学系统的哈密顿量，得到相关算符的量子朗之万方程[41]：

$$\frac{dq_j}{dt} = \frac{p_j}{m_j}$$

$$\frac{dp_j}{dt} = -m_j \omega_j^2 q_j - \gamma_j p_j + \sqrt{2\gamma_j}\,\xi_j(t) - 2\hbar\, g_j c^\dagger c q_j$$

$$\frac{dc}{dt} = -\left[\kappa + i(\Delta_c + g_1 q_1^2 + g_2 q_2^2)\right]c + \varepsilon_l + \varepsilon_p e^{-i\delta t} + \sqrt{2\kappa}\, c_{in}(t) + 2G_a e^{i\theta} c^\dagger, \qquad (j=1,\ 2)$$

$$(8.3)$$

式中，κ 是光学腔场的衰减率；γ_j 是第 j 个力学薄膜的衰减率；算符 $c_{in}(t)$ 和 $\xi_j(t)$ $(j=1,\ 2)$ 是来自环境的量子噪声。从物理上来说，在马尔可夫近似条件下，噪声算符 $c_{in}(t)$ 和 $\xi_j(t)$ $(j=1,\ 2)$ 的平均值取为零[14]。利用因数分解近似下：$\langle AB \rangle = \langle A \rangle \langle B \rangle$，在弱耦合作用下得到算符平均值的运动方程表达式：

$$\frac{d\langle q_j \rangle}{dt} = \frac{\langle p_j \rangle}{m_j}$$

$$\frac{d\langle p_j \rangle}{dt} = -m_j \omega_j^2 \langle q_j \rangle - \gamma_j \langle p_j \rangle - 2\hbar\, g_i \langle c^\dagger \rangle \langle c \rangle \langle q_j \rangle$$

$$\frac{d\langle c \rangle}{dt} = -\left[\kappa + i(\Delta_c + g_1 \langle q_1^2 \rangle) + g_2 \langle q_2^2 \rangle)\right]\langle c \rangle + \varepsilon_l + \varepsilon_p e^{-i\delta t} + 2G_a e^{i\theta} \langle c^\dagger \rangle$$

$$\frac{d\langle q_j^2 \rangle}{dt} = \frac{\langle p_j q_j + q_j p_j \rangle}{m_j}$$

$$\frac{d\langle p_j^2 \rangle}{dt} = -m_j \omega_j^2 \langle p_j q_j + q_j p_j \rangle - 2\gamma_j \langle p_j^2 \rangle + 2\gamma_j(1 + 2n_j)\frac{\hbar\, m_j \omega_j}{2} - 2\hbar\, g_j \langle c^\dagger \rangle \langle c \rangle \langle p_j q_j + q_j p_j \rangle$$

$$\frac{d\langle p_j q_j + q_j p_j \rangle}{dt} = \frac{2\langle p_j^2 \rangle}{m_j} - 2m_j \omega_j^2 \langle q_j^2 \rangle - \gamma_j \langle p_j q_j + q_j p_j \rangle - 4\hbar\, g_j \langle c^\dagger \rangle \langle c \rangle \langle q_j^2 \rangle, \qquad (j=1,\ 2)$$

$$(8.4)$$

式中，噪声算符 q_j^2，p_j^2 和 $(p_j q_j + q_j p_j)$ $(j=1,\ 2)$ 的平均值为零；$n_j = (e^{\frac{\hbar\omega_j}{k_B T}} - 1)^{-1}$ 是第 j 个力学振子在温度 T 条件下的平均声子数；k_B 是玻尔兹曼常数。

为了简化，定义 $X_j = q_j^2$，$Y_j = p_j^2$，$Z_j = (p_j q_j + q_j p_j)$。式(8.4)中解的形式满足：

$$\langle W \rangle = W_s + W_+ \varepsilon_p e^{-i\delta t} + W_- \varepsilon_p e^{i\delta t} \qquad (8.5)$$

式中，$W \in \{p_j, \ q_j, \ X_j, \ Y_j, \ Z_j, \ c\}$，（$j=1,\ 2$）。假定 $W_\pm$ 是一阶微扰项，并忽略更高阶的微扰项，得到系统算符的稳态平均值：

$$p_{j,\,s} = 0$$

$$q_{j,\,s} = 0$$

$$Y_{j,\,s} = (1 + 2n_j)\,\frac{\hbar\, m_j \omega_j}{2}$$

$$X_{j,\,s} = \frac{Y_{j,\,s}}{m_j^2 \omega_j^2 \left(1 + \dfrac{2\,\hbar\, g_j A}{m_j \omega_j^2}\right)} \tag{8.6}$$

$$c_s = \frac{\kappa - \mathrm{i}\Delta + 2G_a \mathrm{e}^{\mathrm{i}\theta}}{\kappa^2 + \Delta^2 - 4G_a^2}\varepsilon_l, \qquad (j = 1,\ 2)$$

式中，$\Delta = \Delta_c + g_1 (X_1)_s + g_2 (X_2)_s$，$A = c_s c_s^*$（其中上标 $*$ 表示共轭运算）。根据式（8.4），得到式（8.5）中 c_+ 和 c_- 的表达式：

$$c_+ = \frac{H}{Q}$$

$$c_- = - \frac{2(2\,\hbar\, c_s^2 F^* - S^* T^* G_a \mathrm{e}^{\mathrm{i}\theta})}{S^* T^*(\kappa + \mathrm{i}(\delta + \Delta)) + 4\,\hbar\, A F^*} c_+^* \tag{8.7}$$

式中，参数 Q，H，F，M，L，S 和 T 的表达式为

$$Q = ST[(\kappa - \mathrm{i}\delta)^2 + \Delta^2 - 4G_a^2] + 8\,\hbar\, F[\mathrm{i}\Delta A - G_a(\mathrm{e}^{-\mathrm{i}\theta}c_s^2 - \mathrm{e}^{\mathrm{i}\theta}c_s^{*2})]$$

$$H = 4\,\hbar\, AF + ST[\kappa - \mathrm{i}(\delta + \Delta)]$$

$$F = MT + LS$$

$$M = m_1 g_1^2 (X_1)_s (2\gamma_1 - \mathrm{i}\delta) \tag{8.8}$$

$$L = m_2 g_2^2 (X_2)_s (2\gamma_2 - \mathrm{i}\delta)$$

$$S = m_1(\delta + \mathrm{i}\gamma_1)[m_1(\delta^2 + 2\mathrm{i}\delta\gamma_1 - 4\omega_1^2) - 8\,\hbar\, g_1 A]$$

$$T = m_2(\delta + \mathrm{i}\gamma_2)[m_2(\delta^2 + 2\mathrm{i}\delta\gamma_2 - 4\omega_2^2) - 8\,\hbar\, g_2 A]$$

根据输入-输出理论[42]，满足 $\langle c_{\text{out}} \rangle + \dfrac{\varepsilon_l}{\sqrt{2\kappa}} + \dfrac{\varepsilon_p \mathrm{e}^{-\mathrm{i}\delta t}}{\sqrt{2\kappa}} = \sqrt{2\kappa}\,\langle c \rangle$，$\langle c_{\text{out}} \rangle$ 相应的系数为

$$c_{\text{out},\,s} = \sqrt{2\kappa}\, c_s - \frac{\varepsilon_l}{\sqrt{2\kappa}}$$

$$c_{\text{out},\,+} = \sqrt{2\kappa}\, c_+ - \frac{1}{\sqrt{2\kappa}} \tag{8.9}$$

$$c_{\text{out},\,-} = \sqrt{2\kappa}\, c_-$$

具体来说，$c_{\text{out},s}\mathrm{e}^{-\mathrm{i}\omega_l t}$ 表示频率为 ω_l 下的输出响应，$c_{\text{out},+}\mathrm{e}^{-\mathrm{i}\omega_p t}$ 表示斯托克斯频率 ω_p 下的输出响应，$c_{\text{out},-}\mathrm{e}^{-\mathrm{i}\omega_p t}$ 表示反斯托克斯频率 $2\omega_l-\omega_p$ 下的输出响应。进一步地，输出光场 ε_T 约化为

$$\varepsilon_T = \sqrt{2\kappa}\,c_{\text{out},+} + 1 = 2\kappa c_+ \tag{8.10}$$

讨论输出光场 ε_T 的实部 χ_p，表示为

$$\chi_p = \mathrm{Re}[\varepsilon_T] = \mathrm{Re}[2\kappa c_+] \tag{8.11}$$

式中，χ_p 代表着输出光场的吸收，被用来描述光力诱导透明现象[12]。

接下来，在斯托克斯频率 ω_p 下的输出功率 G_s，和在反斯托克斯频率 $2\omega_l-\omega_p$ 下的输出功率 G_{as}[43] 分别表示为

$$G_s = \frac{\hbar\,\omega_p\,|\varepsilon_p c_{\text{out},+}|^2}{P_p} = |2\kappa c_+ - 1|^2$$

$$G_{as} = \frac{\hbar(2\omega_l-\omega_p)\,|\varepsilon_p c_{\text{out},-}|^2}{P_p} = |2\kappa c_-|^2 \tag{8.12}$$

8.3　结果分析与讨论

在共振条件(即 $\Delta = 2\omega_m$)下，通过改变力学振子 MR1(MR2)与光学腔场之间的平方耦合强度 $g_1(g_2)$、力学振子 MR1(MR2)的频率 $\omega_1(\omega_2)$、光学参数放大器的增益强度 G_a、驱动光学参数放大器的场相位 θ 等相关参数，研究光力诱导透明、在斯托克斯频率和反斯托克斯频率下输出功率的变化。根据相关文献中实验参数[24,25]，选取 $\kappa = 2\pi \times 5 \times 10^3\mathrm{Hz}$，$L = 6.7\mathrm{cm}$，$\omega_c = 2\pi \times 10^{15}\mathrm{Hz}$，$m_1 = m_2 = 1\mathrm{ng}$，$\gamma_1 = \gamma_2 = 20\mathrm{Hz}$，$P_l = 90\mu\mathrm{W}$，$\lambda_l = 532\mathrm{nm}$ 和 $T = 90\mathrm{K}$。

在图 8.2 中，力学振子 MR1 和 MR2 的频率相同，满足 $\omega_1 = \omega_2 = \omega_m$。对于五种不同的情况，研究探测场的吸收谱 χ_p 以 δ/ω_m 为变量的变化。当力学薄膜处于光腔内强度的局部最小值时，平方耦合强度为正值；相反地，当力学薄膜处于光腔内强度的局部最大值时，平方耦合强度为负值[23,44]。具体来说，当不考虑光学参数放大器的作用时，如图 8.2 中 1 号线所示，参数选取为 $g_1 = 0.5g$，$g_2 = -0.5g$，$G_a = 0$，$\theta = 0$，光力诱导透明会出现并显示两个透明窗口 dips，这是由于力学振子 MR1(MR2)和光学腔之间的平方耦合强度不同(即双声子转换过程不同)造成的。具体来说，左边的 dip 是由于 MR2 与光学腔之间的平方耦合强度为负值($g_2 = -0.5g$)，而右边的 dip 是由于 MR1 与光学腔之间的平方耦合强度为正值($g_1 = 0.5g$)。当考虑光学参数放大器的影响时，如图 8.2 中 2 号线所示，参

数选取为 $g_1 = 0.5g$，$g_2 = -0.5g$，$G_a = 2\kappa$，$\theta = \dfrac{3\pi}{2}$，由于光腔内光子数的增加和更强的光机械耦合，导致两个透明窗口 dips 的间距变得更大。此外，当平方耦合强度的值增加时，参数选取为 $g_1 = g$，$g_2 = -g$，$G_a = 2\kappa$，$\theta = \dfrac{3\pi}{2}$，如图中 3 号线所示。3 号线中两个透明窗口 dips 的间距比 2 号线中两个透明窗口 dips 的间距变得更宽。当平方耦合强度继续增加时，参数选取为 $g_1 = 1.5g$，$g_2 = -1.5g$，$G_a = 2\kappa$，$\theta = \dfrac{3\pi}{2}$，如图中 4 号线所示。对比发现，4 号线中两个透明窗口 dips 的间距比 3 号线中两个透明窗口 dips 的间距变得更宽。当平方耦合强度均为正值时，选取参数为 $g_1 = 0.2g$，$g_2 = 1.2g$，$G_a = 2\kappa$，$\theta = \dfrac{3\pi}{2}$，如图中 5 号线所示，两个透明窗口 dips 都在 $\dfrac{\delta}{\omega_m} = 2$ 右侧。比较图 8.2(a) 中的 5 条线，发现 4 号线中两个透明窗口 dips 的间距最大。图 8.2(b) 是放大图 8.2(a) 中左侧的 dip，用来研究平方耦合强度对于透明窗口的影响。对比发现，4 号线中的左侧 dip ($\chi_p \approx 0.008$) 和 2 号线中的左侧 dip ($\chi_p \approx 0.08$)，透明度效率可以提高约 10 倍。因此，通过选择合适的平方耦合强度 g_1 和 g_2，可以在更大的失谐范围内实现完美的透明。其物理原因是：传统的电磁诱导透明是由原子之间相干作用引起的；在平方耦合光机械系统中，光学过程与双声子过程有关，利用微波场来驱动 Λ 型三能级原子的超精细转变，使其平均位移为零，利用位移涨落来产生类电磁诱导透明现象[24,37,38]。

　　图 8.3 所示为当平方耦合强度为 $g_1 = g$，$g_2 = -g$ 时，研究两个力学振子（MR1 和 MR2）的频率对两个透明窗口 dips 出现位置的重要影响。对于 1 号线的参数选取为 $\omega_1 = \omega_2 = 1.2\omega_m$，两个透明窗口 dips 都出现在失谐量 $\delta = 2\omega_m$ 的右侧；对于 2 号线的参数选取为 $\omega_1 = \omega_2 = 0.8\omega_m$，两个透明窗口 dips 都出现在失谐量 $\delta = 2\omega_m$ 的左侧。对于 3 号线参数选取为 $\omega_1 = 0.7\omega_m$，$\omega_2 = 1.1\omega_m$ 和 4 号线参数选取为 $\omega_1 = 0.9\omega_m$，$\omega_2 = 1.3\omega_m$ 的情况，发现一个透明窗口 dip 出现在位于失谐量 $\delta = 2\omega_m$ 的左侧，而另一个透明窗口 dip 出现在失谐量 $\delta = 2\omega_m$ 的右侧，这说明不同频率的两个力学振子透明窗口 dips 的间距大于两个频率相同的力学振子透明窗口 dips 的间距。因此，两个力学振子（MR1 和 MR2）的频率是决定透明窗口 dip 位置的主要因素。换句话说，通过选择适当的力学振子频率，可以获得透明 dip 期望的位置。

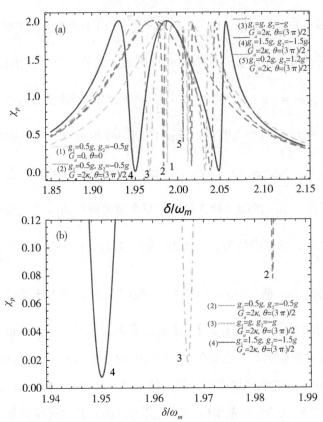

图 8.2　对于不同的力学振子 MR1(MR2) 与光学腔场之间的平方耦合强度 $g_1(g_2)$，光学参数放大器增益强度 G_a，和驱动光学参数放大器的场相位 θ，研究探测场的吸收谱 χ_p 以 δ/ω_m 为变量的变化[相关参数选取：$\omega_1 = \omega_2 = \omega_m$，$\omega_m = 2\pi \times 0.7 \times 10^5 \text{Hz}$，$g = 2\pi \times 1.8 \times 10^{23} \text{Hz/m}^2$，$\kappa = 2\pi \times 5 \times 10^3 \text{Hz}$，$P_l = 90\mu\text{W}$，$\gamma_1 = \gamma_2 = 20\text{Hz}$，$\Delta = 2\omega_m$，$T = 90\text{K}$]

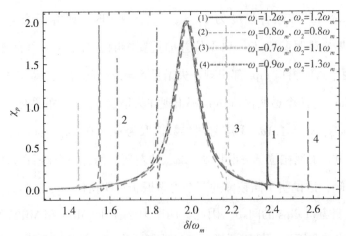

图 8.3　当平方耦合强度为 $g_1 = g$，$g_2 = -g$，改变两个力学振子的频率 (ω_1 和 ω_2) 时，研究探测场的吸收谱 χ_p 以 δ/ω_m 为变量的变化情况(相关参数选取：光学参数放大器增益 $G_a = 2\kappa$，驱动光学参数放大器的场相位 $\theta = \dfrac{3\pi}{2}$，其他参数的选取和图 8.2 是一致的)

　　图 8.4 所示为当两个力学振子的频率相同或者不相同时，考虑光学参数放大器增益 G_a 和驱动光学参数放大器的场相位 θ 对于探测场的吸收谱 χ_p 的重要影响。具体来说，图 8.4 (a) 中两个力学振子的频率是相同的（$\omega_1 = \omega_2 = \omega_m$），对于相同的光学参数放大器增益 $G_a = 2\kappa$（就图中 2 号线、4 号线、5 号线来说），不同的驱动光学参数放大器的场相位 θ 对两个力学振子透明窗口 dips 的间距有着重要的影响。具体来说，对于 5 号线中相位为 $\theta = \dfrac{\pi}{2}$，两个力学振子透明窗口 dips 的间距最小。此外，对于相同的驱动光学参数放大器的场相位 $\theta = \dfrac{3\pi}{2}$，随着光学参数放大器增益强度 G_a 的增加（3 号线参数 $G_a = 0$，2 号线参数

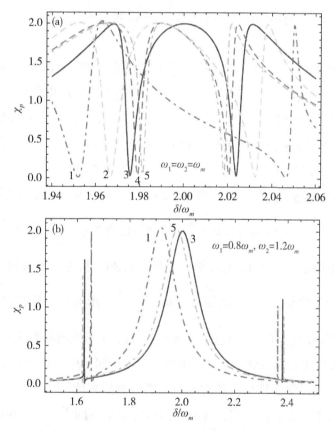

图 8.4　当平方耦合强度为 $g_1 = g$，$g_2 = -g$，对于不同光学参数放大器增益强度 G_a 和驱动光学参数放大器的场相位 θ，研究探测场的吸收谱 χ_p 以 δ/ω_m 为变量的变化情况 [（a）$\omega_1 = \omega_2 = \omega_m$，（b）$\omega_1 = 0.8\omega_m$，$\omega_2 = 1.2\omega_m$，其他参数选取和图 8.2 参数一致。具体来说：1 号线的参数为 $G_a = 4\kappa$，$\theta = \dfrac{3\pi}{2}$；2 号线的参数为 $G_a = 2\kappa$，$\theta = \dfrac{3\pi}{2}$；3 号线的参数为 $G_a = 0$，$\theta = \dfrac{3\pi}{2}$；4 号线的参数为 $G_a = 2\kappa$，$\theta = \dfrac{\pi}{4}$；5 号线的参数为 $G_a = 2\kappa$，$\theta = \dfrac{\pi}{2}$]

$G_a = 2\kappa$，1 号线参数 $G_a = 4\kappa$），两个力学振子透明窗口 dips 的间距变得更宽，也就是 1 号线中两个力学振子透明窗口 dips 的间距最大，这是由光腔内光子数的增加和光力耦合作用增强导致的。在这里，更灵活的透明窗口操控可以广泛应用于双光子吸收现象[45]、量子信息处理[46]、慢光和快光效应[47]、电荷和质量测量[48,49]、相干光学波长转换[50]、量子存储器[51]、和量子路由器[41]等研究。进一步地，在其他参数相同的情况下，在图 8.4(a) 中选取 $\omega_1 = \omega_2 = \omega_m$ 和在图 8.4(b) 中选取 $\omega_1 = 0.8\omega_m$，$\omega_2 = 1.2\omega_m$，分别对比图 8.4(a) 的 1 号线（3 号线、5 号线）与图 8.4(b) 中的 1 号线（3 号线、5 号线），发现图 8.4(b) 中两个力学振子透明窗口 dips 间距要大于图 8.4(a) 中两个力学振子透明窗口 dips 间距，这说明两个不同频率的力学振子有利于产生更宽的两个透明窗口 dips 间距。具体来说，图 8.4(b) 中 1 号线两个透明窗口 dips 的间距大约 0.7，约是图 8.4(a) 中 1 号线两个透明窗口 dips 的间距的 8 倍。

在四波混频过程中，斯托克斯场和反斯托克斯场表现出明显的正交模式劈裂，这是由于在时间尺度上，存在能量交换的两种简并模式间耦合作用比单个模式的退相干要快得多[52,53]。图 8.5 所示为当平方耦合强度为 $g_1 = g$，$g_2 = -g$ 时，对于不同光学参数放大器增益强度 G_a 和驱动光学参数放大器的场相位 θ，研究在斯托克斯频率下的输出功率 G_s 以 δ/ω_m 为变量的变化情况。在图 8.5(a) 中，两个力学振子的频率相同，$\omega_1 = \omega_2 = \omega_m$，相同的光学参数放大器增益强度 $G_a = 2\kappa$，考虑不同的驱动光学参数放大器的场相位 θ（即图中 4 号线的参数 $\theta = \dfrac{\pi}{4}$，5 号线的参数 $\theta = \dfrac{\pi}{2}$，2 号线的参数 $\theta = \dfrac{3\pi}{2}$），对比发现：在 5 号线中斯托克斯频率下的输出功率 G_s 的最小值大约为 0.89，其两个 dips 的间距最小。此外，当选取相同的驱动光学参数放大器的场相位 $\theta = \dfrac{3\pi}{2}$ 时，增加光学参数放大器增益强度 G_a 的值（即 3 号线的参数 $G_a = 0$，2 号线的参数 $G_a = 2\kappa$，1 号线的参数为 $G_a = 4\kappa$），其两个 dips 的间距随之变得更宽，也就是 1 号线中两个 dips 的间距最宽。令人感兴趣的是，在相同的参数条件下，当光学参数放大器存在时，斯托克斯场能够实现复合和吸收的相互转换，其原因是更强的光力耦合作用，这与以前研究结果不同[43,54,55]。在图 8.5(b) 中，选取 $\omega_1 = 0.8\omega_m$，$\omega_2 = 1.2\omega_m$，对比发现 5 号线中两个 dips 的间距最宽，大约是 0.76。

图 8.6 所示为当平方耦合强度为 $g_1 = g$，$g_2 = -g$ 时，对于不同光学参数放大器增益强度 G_a 和驱动光学参数放大器的场相位 θ，研究在反斯托克斯频率下的输出功率 G_{as} 以 δ/ω_m 为变量的变化情况。在如图 8.6(a) 中，两个力学振子的频率相同，$\omega_1 = \omega_2 = \omega_m$，在 1 号线（$G_a = 4\kappa$，$\theta = \dfrac{3\pi}{2}$）中表现为 3 个峰，在 3 号线（$G_a = 0$，$\theta = \dfrac{3\pi}{2}$）中表现为 2 个峰，这说

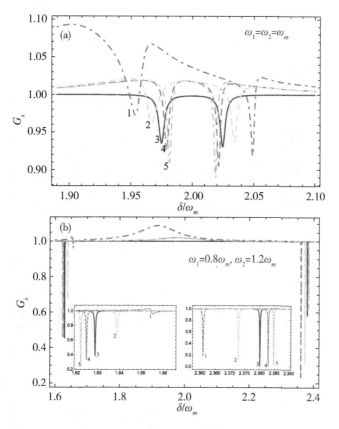

图 8.5　当平方耦合强度为 $g_1 = g$，$g_2 = -g$ 时，对于不同光学参数放大器增益强度 G_a 和驱动光学参数放大器的场相位 θ 来说，研究在斯托克斯频率下的输出功率 G_s 以 δ/ω_m 为变量的变化情况 [（a）$\omega_1 = \omega_2 = \omega_m$，（b）$\omega_1 = 0.8\omega_m$，$\omega_2 = 1.2\omega_m$，其他参数选取和图 8.4 中参数选取一致。具体来说，1 号线的参数为 $G_a = 4\kappa$，$\theta = \dfrac{3\pi}{2}$；2 号线的参数为 $G_a = 2\kappa$，$\theta = \dfrac{3\pi}{2}$；3 号线的参数为 $G_a = 0$，$\theta = \dfrac{3\pi}{2}$；4 号线的参数为 $G_a = 2\kappa$，$\theta = \dfrac{\pi}{4}$；5 号线的参数为 $G_a = 2\kappa$，$\theta = \dfrac{\pi}{2}$]

明由于光学参数放大器的存在，在反斯托克斯频率下的输出功率 G_{as} 正交模式劈裂被增强。此外，在图 8.6(b) 中，两个力学振子的频率为 $\omega_1 = 0.8\omega_m$，$\omega_2 = 1.2\omega_m$，在反斯托克斯频率下的输出功率 G_{as} 的正交模式劈裂中，其 3 个峰会出现在一个更大的失谐范围，且 3 个峰的峰值有很大差别：最左边的峰值是最大的，最右边的峰值是最小的。具体来说，在图 8.6(b) 中的 1 号线最左侧的峰值大约为 $G_{as} = 0.2$，最右侧的峰值大约为 $G_{as} = 0.005$，最左侧的峰与最右侧的峰之间的间距大约是 0.7。图 8.6(b) 的 1 号线与图 8.6(a) 的 1 号线相互对比，发现其最左侧的峰值大约为 $G_{as} = 0.085$，最右侧的峰值大约为 $G_{as} = 0.05$，最左侧的峰与最右侧的峰之间的间距大约是 0.1。

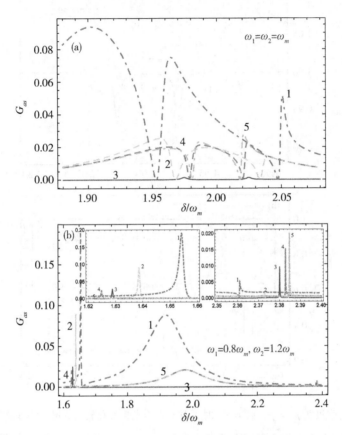

图 8.6　当平方耦合强度为 $g_1 = g$，$g_2 = -g$ 时，对于不同光学参数放大器增益强度 G_a 和驱动光学参数放大器的场相位 θ，研究在反斯托克斯频率下的输出功率 G_{as} 以 δ/ω_m 为变量的变化情况 [(a) $\omega_1 = \omega_2 = \omega_m$，(b) $\omega_1 = 0.8\omega_m$，$\omega_2 = 1.2\omega_m$，其他参数的选取和图 8.4 参数的选取一致。具体来说，1 号线的参数为 $G_a = 4\kappa$，$\theta = \dfrac{3\pi}{2}$；2 号线的参数为 $G_a = 2\kappa$，$\theta = \dfrac{3\pi}{2}$；3 号线的参数为 $G_a = 0$，$\theta = \dfrac{3\pi}{2}$；4 号线的参数为 $G_a = 2\kappa$，$\theta = \dfrac{\pi}{4}$；5 号线的参数为 $G_a = 2\kappa$，$\theta = \dfrac{\pi}{2}$]

8.4　本章小结

　　本章在具有两个力学振子和光学参数放大器的混合光力学系统中，从理论上研究了光力诱导透明和在斯托克斯(或者反斯托克斯)频率下的输出功率。首先，研究了两个力学振子与光学腔之间的平方耦合强度、两个力学振子的频率、光学参数放大器的增益以及驱动光学参数放大器的场相位，对于光力诱导透明现象的重要影响。力学振子与光学腔之间的平方耦合相互作用取正值还是负值，是由力学振子在光学腔中的位置所决定的，其中，光力诱导透明中左(右)侧的 dip 是由平方耦合相互作用为负值(正值)来决定的。随着平方耦合强度的增加，两个透明窗口 dips 之间的间距变宽，且透明度效率提高。通过选择合适的力学振子频率，可以获得期望的透明窗口 dip 位置。此外，当两个力学振子的频率相同(或者不同)时，随着光学参数放大器非线性增益值的增加，两个透明窗口 dips 的间距变得更宽(或者更窄)。此外，当两个力学振子的频率相同(或不同)时，场驱动光学参数放大器的相位变化对两个透明窗口 dips 的间距有重要(或者很小的)影响。

接下来，在斯托克斯频率(或者反斯托克斯频率)下，研究证实了光学参数放大器非线性增益和场驱动光学参数放大器的相位对归一化输出功率有显著影响。具体来说，对于斯托克斯频率下的输出功率，当两个力学振子的频率相同，且场驱动光学参数放大器的相位相同时，随着光学参数放大器非线性增益的增加，两个 dips 的间距也变得更宽。同时，在相同参数条件下，可以实现斯托克斯场放大和吸收之间的相互转换。此外，对于有光学参数放大器存在的情形，当两个力学振子的频率相同时，反斯托克斯频率下的输出功率会出现 3 个峰。相反地，当两个力学振子的频率不相同时，3 个峰会出现在更大的失谐范围内，且 3 个峰的幅值有较大的差别。

◎ 本章参考文献

[1] Kippenberg T J, Vahala K J. Cavity optomechanics: Back-action at the mesoscale [J]. Science, 2008, 321(5893): 1172-1176.

[2] Aspelmeyer M, Kippenberg T J, Marquardt F. Cavity optomechanics[J]. Rev. Mod. Phys., 2014, 86(4): 1391-1452.

[3] Meystre P. A short walk through quantum optomechanics[J]. Ann. Phys., 2013, 525(3): 215.

[4] Peng B, Oezdemir S K, Lei F C, et al. Parity-time-symmetric whispering-gallery microcavities[J]. Nat. Phys., 2014, 10(5): 394-398.

[5] Brennecke F, Ritter S, Donner T, et al. Cavity optomechanics with a Bose-Einstein condensate[J]. Science, 2008, 322(5899): 235-238.

[6] Dalafi A, Naderi M H, Motazedifard A. Effects of quadratic coupling and squeezed vacuum injection in an optomechanical cavity assisted with a Bose-Einstein condensate [J]. Phys. Rev. A, 2018, 97(4): 043619.

[7] Motazedifard A, Dalaf A, Naderi M H, et al. Controllable generation ofphotons and phonons

in a coupled Bose-Einstein condensate-optomechanical cavity via the parametric dynamical Casimir effect[J]. Ann. Phys., 2018, 369: 202-219.

[8] Schliesser A, Riviere R, Anetsberger G, et al. Resolved-sideband cooling of a micromechanical oscillator[J]. Nat. Phys., 2008, 4: 415-419.

[9] Rabl P, Photon blockade effect in optomechanical systems[J]. Phys. Rev. Lett., 2011, 107 (6): 063601.

[10] Safavi-Naeini A H, Groblacher S, Hill J T, et al. Squeezed light from a silicon micromechanical resonator[J]. Nature, 2013, 500(7461): 185-189.

[11] Barzanjeh S, Vitali D, Tombesi P, et al. Entangling optical and microwave cavity modes by means of a nanomechanical resonator[J]. Phys. Rev. A, 2011, 84(4): 042342.

[12] Agarwal G S, Huang S. Electromagnetically induced transparency in mechanical effects of light[J]. Phys. Rev. A, 2010, 81(4): 041803.

[13] Weis S, Riviere R, Deleglise S, et al. Optomechanically induced transparency[J]. Science, 2010, 330(6010): 1520-1523.

[14] Wang H, Gu X, Liu Y X, et al. Optomechanical analog of two-color electromagnetically induced transparency: Photon transmission through an optomechanical device with a two-level system[J]. Phys. Rev. A, 2014, 90(2): 023817.

[15] Huang S, Agarwal G S. Reactive-coupling-induced normal mode splittings in microdisk resonators coupled to waveguides[J]. Phys. Rev. A, 2010, 81(5): 053810.

[16] Motazedifard A, Bemani F, Naderi M H, et al. Force sensing based on coherent quantum noise cancellation in a hybrid optomechanical cavity with squeezed-vacuum injection[J]. New. J. Phys., 2016, 18: 073040.

[17] Huang X Y, Zeuthen E, Vasilyev D V, et al. Unconditional steady-state entanglement in macroscopic hybrid systems by coherent noise cancellation[J]. Phys. Rev. Lett., 2018, 121 (10): 103602.

[18] Motazedifard A, Dalafi A, Bemani F, et al. Force sensing in hybrid Bose-Einstein-condensate optomechanics based on parametric amplification[J]. Phys. Rev. A, 2019, 100 (2): 023815.

[19] Mollerr C B, Thomas R A, Vasilakis G, et al. Quantum back-action-evading measurement of motion in a negative mass reference frame[J]. Nature, 2017, 547: 191-195.

[20] Motazedifard A, Dalaf A, Naderi M H. Ultra-precision quantum sensing and measurement based on nonlinear hybrid optomechanical systems containing ultracold atoms or atomic Bose-

Einstein condensate[C]//AVS Quantum Science, 2021.

[21] Bemani F, Roknizadeh R, Motazedifard A, et al. Quantum correlations in optomechanical crystals[J]. Phys. Rev. A, 2019, 99(6): 063814.

[22] Thompson J D, Zwickl B M, Jayich A M, et al. Strong dispersive coupling of a high-finesse cavity to a micromechanical membrane[J]. Nature, 2008, 452(7183): 72-75.

[23] Bhattacharya M, Uys H, Meystre P. Optomechanical trapping and cooling of partially reflective mirrors[J]. Phys. Rev. A, 2008, 77(3): 033819.

[24] Huang S, Agarwal G S. Electromagnetically induced transparency from two-phonon processes in quadratically coupled membranes[J]. Phys. Rev. A, 2011, 83(2): 023823.

[25] Xiao R J, Pan G X, Zhou L. Analog multicolor electromagnetically induced transparency in multimode quadratic coupling quantum optomechanics[J]. J. Opt. Soc. Am. B, 2015, 32 (7): 1399.

[26] Sun X J, Wang X, Liu L N, et al. Optical-responseproperties in hybrid optomechanical systems with quadratic coupling[J]. J. Phys. B: At. Mol. Opt. Phys., 2018, 51: 045504.

[27] Si L G, Xiong H, Zubairy M S, et al. Optomechanically induced opacity and amplification in a quadratically coupled optomechanical system[J]. Phys. Rev. A, 2017, 95(3): 033803.

[28] Liu S P, Liu B, Wang J, et al. Realization of a highly sensitive mass sensor in a quadratically coupled optomechanical system[J]. Phys. Rev. A, 2019, 99(3): 033822.

[29] Huang S, Chen A. Fano resonance and amplification in a quadratically coupled optomechanical system with a Kerr medium[J]. Phys. Rev. A, 2020, 101(2): 023841.

[30] Zhang Y, Yan K, Zhai Z, et al. Mechanical driving mediated slow light in a quadratically coupled optomechanical system[J]. J. Opt. Soc. Am. B, 2020, 37(3): 650-657.

[31] Lee D, Underwood M, Mason D, et al. Multimode optomechanical dynamics in a cavity with avoided crossings[J]. Nat. Commun., 2015, 6: 6232.

[32] Xuereb A, Paternostro M. Selectable linear or quadratic coupling in an optomechanical system[J]. Phys. Rev. A, 2013, 87(2): 023830.

[33] Huang S, Agarwal G S. Enhancement of cavity cooling of a micromechanical mirror using parametric interactions[J]. Phys. Rev. A, 2009, 79(1): 013821.

[34] Farman F, Bahrampour A R. Effects of optical parametric amplifier pump phase noise on the cooling of optomechanical resonators[J]. J. Opt. Soc. Am. B, 2013, 30(7): 1898-1904.

[35] Li L, Nie W J, Chen A X. Transparency and tunable slow and fast light in a nonlinear optomechanical cavity[J]. Sci. Rep., 2016, 6: 35090.

［36］Jiang C, Zhai Z, Cui Y, et al. Controllable optical multistability in hybrid optomechanical system assisted by parametric interactions［J］. Sci. China Phys. Mech. Astron., 2017, 60: 010311.

［37］Shahidani S, Naderi M H, Soltanolkotabi M. Control and manipulation of electromagnetically induced transparency in a nonlinear optomechanical system with two movable mirrors［J］. Phys. Rev. A, 2013, 88(5): 053813.

［38］Yang L, Zhang L, Li X, et al. Autler-Townes effect in a strongly driven electromagnetically induced transparency resonance［J］. Phys. Rev. A, 2005, 72(5): 053801.

［39］Motazedifard A, Dalaf A, Naderi M H. A Green's function approach to the linear response of a driven dissipative optomechanical system［J］. Journal of Physics: A Mathematical and Theoretical, 2021, 54(21): 1751-8121.

［40］Gong Z R, Ian H, Liu Y X, et al. Effective Hamiltonian approach to the Kerr nonlinearity in an optomechanical system［J］. Phys. Rev. A, 2009, 80(6): 065801.

［41］Huang S, Agarwal G S. Optomechanical systems as single-photon routers［J］. Phys. Rev. A, 2012, 85(2): 021801.

［42］Walls D F, Milburn G J. Quantum Optics［M］. Springer, 1994.

［43］Huang S, Agarwal G S. Normal-mode splitting and antibunching in Stokes and anti-Stokes processes in cavity optomechanics: Radiation-pressure-induced four-wave-mixing cavity optomechanics［J］. Phys. Rev. A, 2010, 81(3): 033830.

［44］Seok H, Buchmann L F, Wright E M, et al. Multimode strong-coupling quantum optomechanics［J］. Phys. Rev. A, 2013, 88(6): 063850.

［45］Harris S E, Yamamoto Y. Photon switching by quantum interference［J］. Phys. Rev. Lett., 1998, 81(17): 3611.

［46］Balic V, Braje D A, Kolchin P, et al. Generation of paired photons with controllable waveforms［J］. Phys. Rev. Lett., 2005, 94(18): 183601.

［47］Wu Z, Luo R H, Zhang J Q, et al. Force-induced transparency and conversion between slow and fast light in optomechanics［J］. Phys. Rev. A, 2017, 96(3): 033832.

［48］Zhang J Q, Li Y, Feng M, et al. Precision measurement of electrical charge with optomechanically induced transparency［J］. Phys. Rev. A, 2012, 86(5): 053806.

［49］Wang Q, Li W J. Precision mass sensing by tunable double optomechanically induced transparency with squeezed field in a coupled optomechanical system［J］. Int. J. Theor. Phys., 2017, 56: 1346-1354.

［50］Hill J T, Safavi-Naeini A H, Chan J, et al. Coherent optical wavelength conversion via cavity optomechanics［J］. Nat. Commun., 2012, 3: 1196.

［51］He L, Liu Y X, Yi S, et al. Control of photon propagation via electromagnetically induced transparency in lossless media［J］. Phys. Rev. A, 2007, 75(6): 063818.

［52］Dobrindt J M, Wilson-Rae I, Kippenberg T J. Parametric Normal-mode splitting in cavity optomechanics［J］. Phys. Rev. Lett, 2008, 101(26): 263602.

［53］Grloblacher S, Hammerer K, Vanner M R, et al. Observation of strong coupling between a micromechanical resonator and an optical cavity field［J］. Nature, 2009, 460(7256): 724-727.

［54］Huang S, Agarwal G S. Normal-mode splitting in a coupled system of a nanomechanical oscillator and a parametric amplifier cavity［J］. Phys. Rev. A, 2009, 80(3): 033807.

［55］Zhang Z C, Wang Y P, Yu Y F, et al. Normal-Mode Splitting in a Weakly Coupled Electromechanical System with a Mechanical Modulation［J］. Ann. Phys., 2019, 531: 1800461.

第9章　混合光力学系统中力学传感
与力学振子冷却研究

9.1　概述

  光力学[1]主要研究光学场与机械振子之间的相互作用，具有广泛的应用前景，其包括量子纠缠[2]、宏观量子态叠加[3]、电磁诱导透明[4,5]、声子激光[6]、量子非互易性[7-9]、量子压缩[10-15]、机械振子冷却[16-20]和传感检测[21-25]等研究领域。光学场与机械振子之间的相互作用包括两种类型：色散耦合作用和耗散耦合作用。具体来说，色散耦合作用的特征是光腔场的频率与机械膜的位置坐标有关；耗散耦合作用的特征是光学腔的衰减率与机械膜的位置坐标有关。Thompson 等提出利用色散光力学系统来直接测量力学薄膜的平方位移[26]。在色散和耗散耦合作用的系统中，Elste 等提出一种将机械谐振器冷却到基态的方案[27]。Xuereb 等在包括色散耦合和耗散耦合的迈克尔逊-萨格纳克干涉仪中实现了机械运动的基态冷却[28]。在迈克尔逊-萨格纳克干涉仪中[24,29-34]，进行了一些有意义的研究，其包括力学传感[24,29]、机械振子冷却[30]和机械压缩[31,32]。例如，在存在简并光学参数放大器的耗散光力学系统中，Huang 等研究了力学传感[24]、机械振子冷却[30]和机械压缩[31]。Sawadsky 等在实验中首次实现了基于耗散耦合的强光机械冷却[32]，其实验结论与文献[27]的理论工作是一致的。

  具有三阶非线性磁化率的光学克尔介质，可以实现透射光子的强反聚束[35]和控制微镜的动力学[36]。利用光学晶体二阶非线性的光学参数放大器，在增强可移动镜的冷却[37]和提高位置检测的精度[38]方面有很大的优势。进一步地，利用光学场、光学参数放大器与克尔介质之间的相互作用，已经做了一些重要的研究[39-41]。例如，Wielinga 等研究了反相位相干态之间的相干隧穿[39]，Shahidani 等研究了稳态纠缠和基态冷却[40]。在实验中，光学聚合物材料可能是含有光学参数化和克尔非线性两层介质的优秀候选材料[42,43]。

  在本章中，具有可移动膜的迈克尔逊-萨格纳克干涉仪包括光学参数放大器和光学克尔介质。在耗散耦合的光力学系统中，研究最优相位角对力学灵敏度的重要影响。具体地

150

说，与任意相位角相比，最优相位角有助于实现更好的力学传感。在蓝色失谐情况下，光学参数放大器和克尔介质的共同作用对提高力学灵敏度有显著影响；而在红色失谐情况下，裸的光力学系统比含有光学参数放大器和克尔介质共存的情况，表现出更有效的力学灵敏度。此外，当只存在光学参数放大器时，随着光学参数放大器非线性增益的增加，发现在红色失谐的情况下，力学薄膜的冷却被减弱；而在蓝色失谐的情况下，力学振子的有效温度会低于裸的光力学系统。

9.2 理论模型

如图 9.1 所示，在带有可移动机械薄膜的迈克尔逊-萨尼亚克干涉仪内，放置光学参数放大器和光学克尔介质[32]。机械薄膜的质量为 m，其频率为 ω_m，与频率为 ω_c 的光学腔场相互耦合作用。用频率为 ω_l 和振幅为 ε_l 的泵浦光场来驱动光学腔场。该耗散光力学系统的哈密顿量表示为

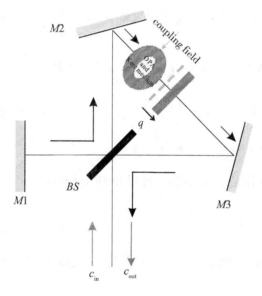

图 9.1 带有可移动机械薄膜的迈克尔逊-萨尼亚克干涉仪，其包括光学参数放大器和光学克尔介质，且光学腔场和力学振子之间的相互作用是耗散耦合作用

$$
\begin{aligned}
H =& \hbar\,\omega_c c^\dagger c + \left(\frac{1}{2}m\omega_m^2 q^2 + \frac{p^2}{2m}\right) + \mathrm{i}\,\hbar\sqrt{2\kappa(q)}\,(\varepsilon_l + c_{\mathrm{in}})c^\dagger \mathrm{e}^{-\mathrm{i}\omega_l t} + \hbar\chi c^{\dagger 2}c^2 - \\
& \mathrm{i}\,\hbar\sqrt{2\kappa(q)}\,(\varepsilon_l + c_{\mathrm{in}}^\dagger)c\,\mathrm{e}^{\mathrm{i}\omega_l t} + \mathrm{i}\,\hbar\,G(\mathrm{e}^{\mathrm{i}\theta}c^{\dagger 2}\mathrm{e}^{-2\mathrm{i}\omega_l t} - \mathrm{e}^{-\mathrm{i}\theta}c^2\mathrm{e}^{2\mathrm{i}\omega_l t})
\end{aligned}
\tag{9.1}
$$

式中，c 和 $c^\dagger$ 分别是玻色子湮灭（产生）算符；c_{in} 是光学输入模式[21]；q 和 p 分别表示力学振子的坐标和动量，由于耗散耦合作用，光学腔场衰减率 $\kappa(q)$ 取决于机械膜位移 q；χ 是克尔介质的非线性参数[36]；G 是光学参数放大器的非线性增益；θ 是驱动光学参量放大器光场的相位，强泵浦激光场的幅值为 $\varepsilon_l = \sqrt{\dfrac{2\kappa P_l}{\hbar\omega_l}}$，$P_l$ 为泵浦激光场的功率。

在旋转表象下，利用幺正变换，对式（9.1）中总哈密顿量进行作用，得到系统新的哈密顿量表示为

$$H = \hbar\Delta_c c^\dagger c + \left(\frac{1}{2}m\omega_m^2 q^2 + \frac{p^2}{2m}\right) + i\hbar\sqrt{2\kappa(q)}\,(\varepsilon_l + c_{in})c^\dagger + \hbar\chi c^{\dagger 2}c^2 -$$
$$i\hbar\sqrt{2\kappa(q)}\,(\varepsilon_l + c_{in}^\dagger)c + i\hbar G(e^{i\theta}c^{\dagger 2} - e^{-i\theta}c^2) \tag{9.2}$$

其中，$\Delta_c = \omega_c - \omega_l$，表示光学腔和泵浦场之间的频率失谐量。由于色散耦合，光学腔场的衰减率满足 $\kappa(q) = \kappa_0(1 + \eta q)$，在这里，$\kappa_0$ 是在机械薄膜的位移为 $q = 0$ 时的光学腔场的衰减率，参数 η 能够从具有移动机械薄膜的迈克尔逊-萨尼亚克干涉仪获得。考虑到克尔介质的非线性和光学参数放大器增益，对于耗散系统中的力学传感和机械膜冷却来说，分别采用无量纲位移算符 $Q = \sqrt{\dfrac{m\omega_m}{\hbar}}\,q$ 和动量算符 $P = \dfrac{1}{\sqrt{m\hbar\omega_m}}p$ 来表示系统的哈密顿量：

$$H = \hbar\Delta_c c^\dagger c + \hbar\chi c^{\dagger 2}c^2 + \frac{1}{2}\hbar\omega_m(Q^2 + P^2) +$$
$$i\hbar\sqrt{2\kappa_0}\left(1 + \frac{g}{2\kappa_0}Q\right)\left[(\varepsilon_l(c^\dagger - c) + c^\dagger c_{in} - cc_{in}^\dagger)\right] +$$
$$i\hbar G(e^{i\theta}c^{\dagger 2} - e^{-i\theta}c^2) \tag{9.3}$$

在这里，机械振子的位移是非常小的，可以得到 $\sqrt{2\kappa(Q)} \approx \sqrt{2\kappa_0}\left(1 + \dfrac{g}{2\kappa_0}Q\right)$ 和 $g = \eta\kappa_0\sqrt{\dfrac{\hbar}{m\omega_m}}$ [24,30,31]。

根据海森堡运动方程，考虑外力 f_{ex}、热噪声 ξ 和机械薄膜的衰减率 γ 的影响，系统算符的运动方程表示为

$$\dot{Q} = \omega_m P$$

$$\dot{P} = -\omega_m Q - i\frac{g}{\sqrt{2\kappa_0}}\left[c^\dagger(\varepsilon_l + c_{in}) - c(\varepsilon_l + c_{in}^\dagger)\right] - \gamma_m P + \frac{f_{ex}}{\sqrt{m\hbar\omega_m}} + \xi \tag{9.4}$$

$$\dot{c} = -(\kappa_0 + gQ + i\Delta_c)c + \sqrt{2\kappa_0}\left(1 + \frac{g}{2\kappa_0}Q\right)(\varepsilon_l + c_{in}) + 2Ge^{i\theta}c^\dagger - 2i\chi c^\dagger c^2$$

在这里，算符 $O(O=Q,P,c)$ 包括稳态幅值 O_s 和微小涨落 δO(i. e., $O=O_s+\delta O$)，得到光力学系统算符的稳态平均值为

$$P_s = 0$$

$$Q_s = \mathrm{i}\frac{g}{\sqrt{2\kappa_0}}\frac{(c_s-c_s^*)}{\omega_m}\varepsilon_l$$

$$c_s = \frac{\sqrt{2\kappa_0}\,\varepsilon_l\left(1+\frac{g}{2\kappa_0}Q_s\right)(\kappa_0+gQ_s-\mathrm{i}\Delta_1+2Ge^{\mathrm{i}\theta})}{(\kappa_0+gQ_s)^2+\Delta_1^2-4G^2}$$

(9.5)

其中，$\Delta_1=\Delta_c+2\chi_t$，$\chi_t=\chi c_s c_s^*$。在这里，机械薄膜的位移稳态平均值 Q_s 不为零，这是与文献[24]中自由粒子的情况是不同的。

在式(9.4)中，考虑一阶近似条件，得到涨落算符的线性运动方程：

$$\dot{\delta Q}=\omega_m\delta P$$

$$\dot{\delta P}==-\omega_m\delta Q-\mathrm{i}\frac{g}{\sqrt{2\kappa_0}}\varepsilon_l(\delta c^\dagger-\delta c)-\gamma_m\delta P-\mathrm{i}\frac{g}{\sqrt{2\kappa_0}}(c_s^*c_{\mathrm{in}}-c_s c_{\mathrm{in}}^\dagger)+\frac{f_{ex}}{\sqrt{m\hbar\omega_m}}+\xi$$

$$\dot{\delta c}=-(\kappa_0+gQ_s+\mathrm{i}\Delta)\delta c+g\left(\frac{\varepsilon_l}{\sqrt{2\kappa_0}}-c_s\right)\delta Q+\sqrt{2\kappa_0}\left(1+\frac{g}{2\kappa_0}Q_s\right)c_{\mathrm{in}}+2(Ge^{\mathrm{i}\theta}-\mathrm{i}\chi c_s^2)\delta c^\dagger$$

(9.6)

在这里，$\Delta=\Delta_c+4\chi_t$。

利用傅里叶变换 $f(t)=\frac{1}{2\pi}\int_{-\infty}^{+\infty}f(\omega)\cdot e^{-\mathrm{i}\omega t}\mathrm{d}\omega$，得到在频域内的机械薄膜位移涨落 $\delta Q(\omega)$ 和光场涨落 $\delta c(\omega)$ 的表达式：

$$\delta Q(\omega)=x_a(\omega)c_{\mathrm{in}}(\omega)+x_b(\omega)c_{\mathrm{in}}^\dagger(-\omega)+x_c(\omega)(f_{ex}(\omega)+\sqrt{m\hbar\omega_m}\xi(\omega))$$

$$\delta c(\omega)=z_a(\omega)c_{\mathrm{in}}(\omega)+z_b(\omega)c_{\mathrm{in}}^\dagger(-\omega)+z_c(\omega)[f_{ex}(\omega)+\sqrt{m\hbar\omega_m}\xi(\omega)]$$

(9.7)

在这里，参数 $x_a(\omega)$，$x_b(\omega)$，$x_c(\omega)$，$z_a(\omega)$，$z_b(\omega)$，$z_c(\omega)$ 的具体形式详见附录 B 中的式(B.1)。

根据输入-输出关系[44]，在频域内输出光场的涨落表达式为

$$\delta c_{\mathrm{out}}(\omega)=\sqrt{2\kappa(Q)}\cdot\delta c(\omega)-c_{\mathrm{in}}(\omega)=V_a\cdot\delta c(\omega)-\mathrm{i}L\cdot\delta Q(\omega)-c_{\mathrm{in}}(\omega)\quad(9.8)$$

在这里，$V_a=\sqrt{2\kappa_0}\left(1+\frac{gQ_s}{2\kappa_0}\right)$，$L=\frac{\mathrm{i}gc_s}{\sqrt{2\kappa_0}}$。

此外，定义真空输入噪声的幅度正交量为 $x_{\mathrm{in}}(\omega)=\frac{1}{\sqrt{2}}[c_{\mathrm{in}}(\omega)+c_{\mathrm{in}}^\dagger(-\omega)]$，真空输入

噪声的相位正交量为 $y_{in}(\omega) = \dfrac{1}{i\sqrt{2}}\big[c_{in}(\omega) - c_{in}^{\dagger}(-\omega)\big]$。类似地，定义真空输出噪声的幅度

正交量为 $\delta x_{out}(\omega) = \dfrac{1}{\sqrt{2}}[\delta c_{out}(\omega) + \delta c_{out}^{\dagger}(-\omega)]$，真空输出噪声的相位正交量为 $\delta y_{out}(\omega) =$

$\dfrac{1}{i\sqrt{2}}[\delta c_{out}(\omega) - \delta c_{out}^{\dagger}(-\omega)]$。因此，输出场的任意正交量定义为

$$
\begin{aligned}
\delta z_{out}(\omega) &= \delta x_{out}(\omega)\cos\phi + \delta y_{out}(\omega)\sin\phi \\
&= \delta z_{outa}(\omega)\cdot c_{in}(\omega) + \delta z_{outb}(\omega)\cdot c_{in}^{\dagger}(-\omega) + \delta z_{outc}(\omega)\cdot\big(f_{ex}(\omega) + \sqrt{m\hbar\omega_m}\cdot\xi(\omega)\big) \\
&= A(\omega)\cdot x_{in}(\omega) + B(\omega)\cdot y_{in}(\omega) + C(\omega)\cdot\big[f_{ex}(\omega) + \sqrt{m\hbar\omega_m}\cdot\xi(\omega)\big] \quad (9.9)
\end{aligned}
$$

在这里，零差相位角 ϕ 由局部振荡器所决定，其相关参数表示为：$A(\omega) =$

$\left(\dfrac{\delta z_{outa}(\omega) + \delta z_{outb}(\omega)}{\sqrt{2}}\right)$，$B(\omega) = i\left(\dfrac{\delta z_{outa}(\omega) - \delta z_{outb}(\omega)}{\sqrt{2}}\right)$，$C(\omega) = \delta z_{outc}(\omega)$。参数

$\delta z_{outa}(\omega)$，$\delta z_{outb}(\omega)$，$\delta z_{outc}(\omega)$，$\delta z_{out}(\omega)$，$S_{zout}(\omega)$ 的具体形式详见附录 B 中的式(B.2)。

进一步来说，零差检测的输出场正交量[45]表示为

$$
\frac{1}{2}[\delta z_{out}(\omega)\cdot\delta z_{out}(\Omega) + \delta z_{out}(\Omega)\cdot\delta z_{out}(\omega)] = 2\pi S_{zout}(\omega)\delta(\omega + \Omega) \quad (9.10)
$$

在频率范围内，利用下列相关关联函数：

$$
\begin{aligned}
\langle\xi(\omega)\cdot\xi(\Omega)\rangle &= 2\pi\frac{\gamma_m}{\omega_m}\omega\left[1 + \coth\left(\frac{\hbar\omega}{2k_B T}\right)\right]\delta(\omega + \Omega) \\
\langle\delta x_{in}(\omega)\cdot\delta x_{in}(\Omega)\rangle &= \langle\delta y_{in}(\omega)\cdot\delta y_{in}(\Omega)\rangle = \pi\delta(\omega + \Omega) \\
\langle\delta x_{in}(\omega)\cdot\delta y_{in}(\Omega)\rangle &= -\langle\delta y_{in}(\omega)\cdot\delta x_{in}(\Omega)\rangle = i\pi\delta(\omega + \Omega) \\
\langle f_{ex}(\omega)\cdot f_{ex}^{*}(\Omega)\rangle &= 2\pi S_{fex}(\omega)\delta(\omega + \Omega)
\end{aligned}
\quad (9.11)
$$

式中，k_B 为玻尔兹曼常数；T 为环境温度。传输场的正交噪声谱 $S_{zout}(\omega)$ 表示为

$$
\begin{aligned}
S_{zout}(\omega) &= \frac{1}{2}[A(\omega)\cdot A(-\omega) + B(\omega)\cdot B(-\omega)] + (2mk_B T\gamma_m + S_{fex})C(\omega)\cdot C(-\omega) \\
&= (Sa_a\cdot e^{-2i\phi} + Sa_b\cdot e^{2i\phi} + Sa_c) + (2mk_B T\gamma_m + S_{fex})(Ca_a\cdot e^{-2i\phi} + Ca_b\cdot e^{2i\phi} + Ca_c)
\end{aligned}
$$

$$(9.12)$$

其中，参数 Ca_a，Ca_b，Ca_c，Sa_a，Sa_b，Sa_c 的具体形式详见附录 B 中的式(B.3)。

为了进一步研究系统的力学灵敏性，定义无量纲的物理量 Y 为

$$
Y = \frac{S_{noise}(\omega)}{F_{SQL}^{2}(\omega)\dfrac{\partial S_{zout}(\omega)}{\partial S_{fex}(\omega)}} \quad (9.13)
$$

式中，$S_{noise}(\omega)$ 表示为没有外力作用到力学振子时的输出光场谱，其只包括输入真空噪声项和热噪声项；$\dfrac{\partial S_{zout}(\omega)}{\partial S_{fex}(\omega)}$ 表示弱外力谱的系数；参数 $F_{SQL}(\omega) = \sqrt{2m\hbar\omega^2}$ 表示外力的标准量子极限谱密度[24,25]。当物理量 Y 小于 $\dfrac{1}{2}$ 时，说明力学测量的标准量子极限被打破。为了获得物理量 Y 的最小值，需要选取优化的相位 ϕ_{Opti} 为

$$\phi_{Opti} = \pi - \frac{1}{2}i\ln\left(\frac{\lambda_a}{\lambda_b}\right) \tag{9.14}$$

式中，参数 λ_a 和 λ_b 的具体形式详见附录 B 中的式(B.4)。

9.3 结果分析与讨论

在图9.2~图9.5中，选取相关的实验参数[32]：光学腔场与力学振子之间的耗散系数 $g = -2\pi \times 0.1Hz$，光腔场中光子衰减率 $\kappa_0 = 2\pi \times 1.5 \times 10^6 Hz$，力学振子的质量 $m = 80ng$，力学振子的频率 $\omega_m = 2\pi \times 136kHz$，力学振子的衰减率 $\gamma_m = 2\pi \times 0.23Hz$，输入激光的波长 $\lambda = 1064nm$，输入激光的功率 $P = 200mW$，驱动光学参数放大器的场相位 $\theta = \dfrac{\pi}{2}$。

在图9.2中，考虑不同的光腔场与输入场间的失谐量 Δ_c，光学参数放大器的增益 G，克尔非线性强度 χ 和零差相位角 ϕ，研究无量纲的物理量 Y 随频率 ω/κ_0 的变化。在零差相位角为 $\phi = \phi_{Opti}$ 的情况下，无量纲的物理量 Y 总是比零差相位角为 $\phi = 1.1\pi$ 情况下的值小得多，这说明选取优化的零差相位角 $\phi = \phi_{Opti}$ 能够实现更好的力学传感。此外，在图9.2(a)[或者图9.2(b)]中，对于光学参数放大器的增益 $G = 0$，克尔非线性强度 $\chi = 0$，光腔场与输入光场间的失谐量为 $\Delta_c = -0.27\kappa_0$(或者 $\Delta_c = 0.27\kappa_0$)，无量纲的物理量 Y 总是小于0.5，这与自由粒子的情况不同(也就是说，对于光学参数放大器的增益 $G = 0$，自由粒子的无量纲的物理量 Y 总是大于0.5[24])。假定自由粒子的位移稳态值为零[24]，而力学振子的位移稳态值不为零，由于光学腔场与力学振子之间的耗散耦合作用，光学腔场的稳态值 c_s 要依赖于力学振子的稳态值 Q_s。进一步来说，在图9.2(a)中($\Delta_c = -0.27\kappa_0$ 和 $\phi = \phi_{Opti}$)，实线对应的参数是 $G = 0.3\kappa_0$ 和 $\chi = 0.04Hz$，实圆点线对应的参数是 $G = 0$ 和 $\chi = 0$，实三角点线对应的参数是 $G = 0.3\kappa_0$ 和 $\chi = 0$，在实线(实圆点线或实三角点线)中的无量纲物理量 Y 的最小值大约是0.2591(0.2598或者0.2628)，这说明相比于裸的光力学系统(用实圆点线所表示)，光学参数放大器与克尔介质都存在(用实线所表示)时能够改进力学传感的灵敏度。但是，在图9.2(b)中($\Delta_c = 0.27\kappa_0$ 和 $\phi = \phi_{Opti}$)，保持相关参数不

155

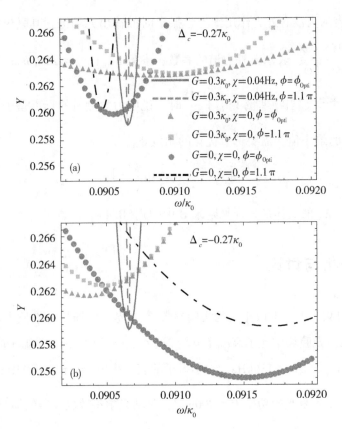

图 9.2　考虑不同的光腔场与输入光场间的失谐量 Δ_c，光学参数放大器的增益 G，克尔非线性强度 χ 和
　　　　零差相位角为 ϕ，研究无量纲的物理量 Y 随频率 ω/κ_0 的变化[（a）$\Delta_c = -0.27\kappa_0$，（b）$\Delta_c =$
　　　　$0.27\kappa_0$。其他参数满足：输入激光的功率为 $P = 200\text{mW}$，环境温度为 $T = 1\text{K}$]

变，在实圆点线（实线或实三角点线）中的无量纲物理量 Y 的最小值大约是 $0.2555(0.2591$
或者 $0.2616)$。也就是说，与光学参数放大器和克尔介质共存（用实线表示）的情况作比
较，裸的光力学系统（用实圆点线所表示）情况下的力学灵敏度最高。简单来说，对于图
9.2（a）中（$\Delta_c = -0.27\kappa_0$ 和 $\phi = \phi_{\text{Opti}}$），光学参数放大器和克尔介质共存的情况，其在提高
力学灵敏度方面起着重要的作用；而对于图 9.2（b）中（$\Delta_c = 0.27\kappa_0$ 和 $\phi = \phi_{\text{Opti}}$），裸的光
力学系统能够表现出更有效的力学传感。

　　在图 9.3 中，当腔内光子数为 $|c_s|^2 = 1.437 \times 10^9$ 时，考虑不同的克尔非线性强度 χ，
输入激光的功率 P（具体来说，实线对应于 $\chi = 0$ 和 $P = 366.047\mu\text{W}$，虚线对应于 $\chi =$
0.04Hz 和 $P = 200\text{mW}$），研究无量纲物理量 Y 随频率 ω/κ_0 的变化情况。具体地，对于实
线来说，光学参数放大器的增益 $G = 0.3\kappa_0$，克尔非线性强度 $\chi = 0$，输入激光的功率 $P =$
$366.047\mu\text{W}$，腔内光子数 $|c_s|^2 = 1.437 \times 10^9$。对于虚线来说，光学参数放大器的增益

$G = 0.3\kappa_0$, 克尔非线性强度$\chi = 0.04$Hz, 输入激光的功率$P = 200$mW, 腔内光子数也是$|c_s|^2 = 1.437 \times 10^9$。对于相同的腔内光子数, 虚线($\chi = 0.04$Hz)所表示的无量纲物理量$Y$总是低于实线($\chi = 0$)所表示的无量纲物理量$Y$, 这说明克尔介质的存在对力学灵敏度提高有加强作用。

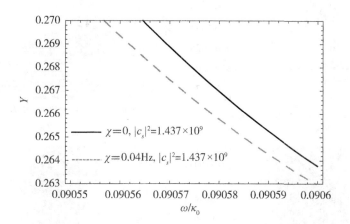

图9.3 当腔内光子数为$|c_s|^2 = 1.437 \times 10^9$时, 考虑不同的克尔非线性强度$\chi$, 输入激光的功率$P$(具体来说, 实线对应于$\chi = 0$和$P = 366.047\mu$W, 虚线对应于$\chi = 0.04$Hz和$P = 200$mW), 研究无量纲物理量$Y$随频率$\omega/\kappa_0$的变化情况(其他参数为: 光学参数放大器的增益$G = 0.3\kappa_0$, 光腔场与输入光场之间的失谐量$\Delta_c = -0.27\kappa_0$, 零差相位角$\phi = \phi_{\text{Opti}}$, 其他参数与图9.2中的参数保持一致)

在图9.4中, 在零差相位角$\phi = \phi_{\text{Opti}}$的条件下, 考虑不同的光学参数放大器增益$G$和克尔非线性强度$\chi$, 以光腔场与输入光场之间的失谐量$\Delta_c/\kappa_0$和频率$\omega/\kappa_0$为变量, 研究无量纲量$Y$的等高线图变化。具体来说, 在图9.4(a)中, 光学参数放大器的增益$G = 0$, 克尔非线性强度$\chi = 0$, 当无量纲量Y取值范围为$Y \in [0.256, 0.258]$时, 其只会出现在红色失谐区域(即$\Delta_c/\kappa_0 > 0$)。在图9.4(b)中, 光学参数放大器的增益$G = 0.3\kappa_0$, 克尔非线性强度$\chi = 0$, 无量纲物理量Y的最小值大约为0.26。在光学参数放大器和克尔介质共存条件下[如图9.4(c)中光学参数放大器的增益为$G = 0.3\kappa_0$和克尔非线性强度为$\chi = 0.01$Hz, 如图9.4(d)中光学参数放大器的增益为$G = 0.3\kappa_0$和克尔非线性强度为$\chi = 0.04$Hz], 当频率ω/κ_0保持不变, 只改变腔失谐Δ_c/κ_0值时, 其对无量纲物理量Y的影响很小; 也就是说, 无量纲物理量Y的大小主要是由频率ω/κ_0决定的。具体来说, 在图9.4(c)中, 当频率$\omega/\kappa_0 = 0.09065$时, 改变光腔失谐量$\Delta_c/\kappa_0$, 发现无量纲的物理量$Y$总是为$0.25922$。也就是说, 在混合光力学系统中, 同时含有光学参数放大器和克尔介质有助于获得更稳定的力学灵敏度。

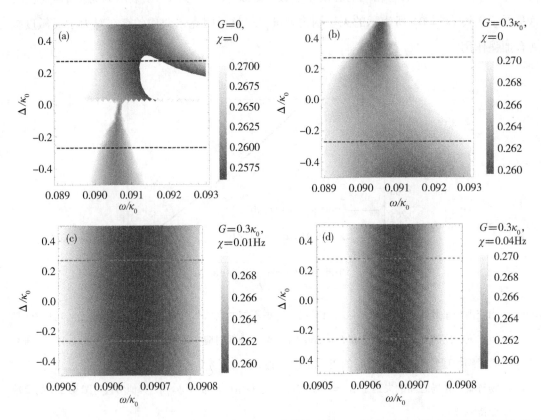

图 9.4　考虑不同的光学参数放大器的增益 G 和克尔非线性强度 χ，以光腔场与输入光场之间的失谐量
Δ_c/κ_0 和频率 ω/κ_0 为变量，研究无量纲的物理量 Y 的等高线图变化(环境温度 $T = 1\mathrm{K}$，零差相
位角 $\phi = \phi_{\mathrm{Opti}}$，其他参数与图 9.2 中的参数保持一致)

对于式(9.7)，当选取外力 $f_{ex} = 0$ 时，在频率范围内，力学振子的位移涨落 $\delta Q(\omega)$ 定
义为

$$\delta Q(\omega) = x_a(\omega)\delta c_{\mathrm{in}}(\omega) + x_b(\omega)c_{\mathrm{in}}^{\dagger}(-\omega) + x_c(\omega)(\sqrt{m\hbar\omega_m}\xi) \tag{9.15}$$

定义力学振子的位移涨落谱 $S_Q(\omega)$ 为

$$2\pi S_Q(\omega)\delta(\omega + \Omega) = \frac{1}{2}[\langle\delta Q(\omega)\delta Q(\Omega)\rangle + \langle\delta Q(\Omega)\delta Q(\omega)\rangle] \tag{9.16}$$

根据式(9.11)相关关联函数，得到力学振子的位移涨落谱 $S_Q(\omega)$ 为

$$S_Q(\omega) = \frac{1}{2}[x_a(\omega)x_b(-\omega) + x_b(\omega)x_a(-\omega)] + (2mk_BT\gamma_m)x_c(\omega)x_c(-\omega) \tag{9.17}$$

可以得到力学振子的动量涨落谱 $S_P(\omega)$ 为

$$S_P(\omega) = \frac{\omega^2}{\omega_m^2} S_Q(\omega) \tag{9.18}$$

接下来，力学振子位移稳态均方差 $\langle \delta Q^2 \rangle$ 和动量稳态均方差 $\langle \delta P^2 \rangle$ 分别表示为

$$\langle \delta Q^2 \rangle = \frac{1}{2\pi} \int_{-\infty}^{+\infty} S_Q(\omega) \, \mathrm{d}\omega$$

$$\langle \delta P^2 \rangle = \frac{1}{2\pi} \int_{-\infty}^{+\infty} S_P(\omega) \, \mathrm{d}\omega \tag{9.19}$$

式中，力学振子位移稳态均方差 $\langle \delta Q^2 \rangle$ 和动量稳态均方差 $\langle \delta P^2 \rangle$ 的具体形式详见附录 B 中的式(B.5)。

在稳态下，力学振子的能量平均值表示为

$$\frac{\hbar \omega_m}{2} [\langle \delta Q^2 \rangle + \langle \delta P^2 \rangle] = \hbar \omega_m \left(n_{\text{eff}} + \frac{1}{2} \right) \tag{9.20}$$

在这里，力学振子的有效平均声子数 n_{eff} 表示为

$$n_{\text{eff}} = \frac{1}{2} (\langle \delta Q^2 \rangle + \langle \delta P^2 \rangle - 1) \tag{9.21}$$

最终，得到力学振子的有效温度为

$$T_{\text{eff}} = \frac{\hbar \omega_m}{k_B \ln\left(1 + \dfrac{1}{n_{\text{eff}}} \right)} \tag{9.22}$$

当有效温度 $T_{\text{eff}} = 0$ 时，实现了力学振子的基态冷却。

在图 9.5 中，考虑不同的光学参数放大器增益 G 和克尔非线性强度 χ，以光腔场与输入光场之间的失谐量 Δ_c/κ_0 为变量，研究力学振子有效温度 T_{eff} 的变化。在图 9.5(a) 中，对于蓝色失谐 $\Delta_c/\kappa_0 < 0$ 和克尔介质 $\chi = 0$，随着光学参数放大器非线性增益的增加，机械振子的冷却效果随之增强，这与参考文献[30]中机械振子有效温度的结论是一致的。具体来说，对于 $\Delta_c/\kappa_0 = -0.8$ 和 $G = 0$，机械振子的有效温度 T_{eff} 大约为 1.396mK；对于 $\Delta_c/\kappa_0 = -0.8$ 和 $G = 0.25\kappa_0$，机械振子的有效温度 T_{eff} 大约为 0.387mK；对于 $\Delta_c/\kappa_0 = -0.8$ 和 $G = 0.3\kappa_0$，机械振子的有效温度 T_{eff} 大约为 0.261mK。此外，在图 9.5(a) 的插图中(满足红色失谐条件 $\Delta_c/\kappa_0 > 0$)，研究机械振子有效温度 T_{eff} 的变化。具体来说，对于 $\Delta_c/\kappa_0 = 2$ 和 $G = 0$，机械振子的有效温度 T_{eff} 大约为 1.84mK；对于 $\Delta_c/\kappa_0 = 2$ 和 $G = 0.25\kappa_0$，机械振子的有效温度 T_{eff} 大约为 7.211mK；对于 $\Delta_c/\kappa_0 = 2$ 和 $G = 0.3\kappa_0$，机械振子的有效温度 T_{eff} 大约为 9.556mK。随着光学参数放大器非线性增益的增加，在红色失谐时机械振子的冷却作用被减弱，这与蓝色失谐时的情况不同。在图 9.5(b) 中，当克尔非线性强度 $\chi \neq 0$ 时，从蓝色失谐到红色失谐范围(即 $-2 \leqslant \Delta_c/\kappa_0 \leqslant 2$)内，可以实现机械

振子有效温度 T_{eff} 低于环境温度(100mK)。具体来说，对于虚线参数，$\Delta_c/\kappa_0 = 0$，$G = 0$，$\chi = 0.01\text{Hz}$，机械振子的有效温度 T_{eff} 大约为 63.35mK；对于点虚线参数，$\Delta_c/\kappa_0 = 0$，$G = 0.3\kappa_0$，$\chi = 0.02\text{Hz}$，机械振子的有效温度 T_{eff} 大约为 76.95mK；对于实线参数，$\Delta_c/\kappa_0 = 0$，$G = 0$，$\chi = 0.02\text{Hz}$，机械振子的有效温度 T_{eff} 大约为 78.89mK。

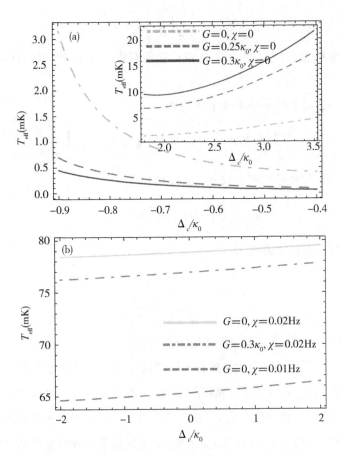

图 9.5 考虑不同的光学参数放大器增益 G 和克尔非线性强度 χ，以光腔场与输入光场之间的失谐量 Δ_c/κ_0 为变量，研究力学振子有效温度 T_{eff} 的变化(环境温度 $T = 100\text{mK}$，其他参数与图 9.2 中的参数保持一致)

在式(9.4)中，忽略噪声项，考虑不同的克尔非线性强度 χ，腔内光子数 $|c_s|^2$ 以时间 t 为变量的变化。具体来说，选取实线的参数为：光学参数放大器的增益 $G = 0.3\kappa_0$，克尔非线性强度 $\chi = 0.01\text{Hz}$，腔内光子数平均值 $|c_s|^2$ 稳定到 3.57×10^9。对于虚线的参数：光学参数放大器的增益 $G = 0.3\kappa_0$，克尔非线性强度 $\chi = 0.04\text{Hz}$，腔内光子数平均值 $|c_s|^2$ 稳定到 1.437×10^9。如图 9.6 中实线所示，光学参数放大器的增益 $G = 0.3\kappa_0$，克尔非线性

强度 $\chi = 0.01\mathrm{Hz}$，计算出的腔内光子数平均值 $|c_s|^2$ 是 3.57×10^9；同样地，如图 9.6 中虚线所示，光学参数放大器的增益 $G = 0.3\kappa_0$，克尔非线性强度 $\chi = 0.04\mathrm{Hz}$，计算出光腔内光子数平均值 $|c_s|^2$ 是 1.437×10^9。这证实了在蓝色失谐条件下，根据式(9.5)利用平均场值展开的方法，能够用来计算腔内光子数 $|c_s|^2$。

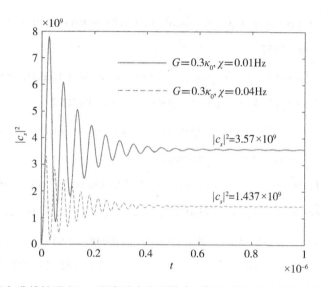

图 9.6 考虑不同的克尔非线性强度 χ，研究腔内光子数 $|c_s|^2$ 以时间 t 为变量的变化情况 [光腔场与输入光场之间的失谐量 $\Delta_c/\kappa_0 = -0.27$，光学参数放大器的增益 $G = 0.3\kappa_0$，其他参数与图 9.2(a) 中的参数保持一致]

9.4 本章小结

本章研究了具有光学参数放大器和克尔介质的耗散光力学系统中的弱力学灵敏度和力学振子的冷却问题。研究表明，与任意相位角相比，最优化相位角有助于获得更好的力学传感。当选择最佳相位角时，在蓝色失谐条件下，光学参数放大器和克尔介质的共存对提高力学灵敏度起着重要作用。而在红色失谐条件下，相比于光学参数放大器和克尔介质共存的情况，裸的光力学系统会显示出更高效的力学灵敏度测量。对于光学参数放大器和克尔介质共存的情况，归一化腔失谐的变化对光力学系统的力学灵敏度影响不大，这有助于实现更稳定的力学灵敏度。

此外，相比于裸的光力学系统来说，考虑只存在光学参数放大器的情况：随着光学参数放大器非线性增益的增加，在蓝色失谐条件下，力学振子的有效温度变得更低；而在红

色失谐条件下，力学振子的有效温度增加。当考虑克尔介质的影响时，在连续失谐条件
(即从蓝色失谐到红色失谐)下，力学振子的有效温度低于环境温度。

◎ 本章参考文献

[1] Aspelmeyer M, Kippenberg T J, Marquardt F. Cavity optomechanics[J]. Rev. Mod. Phys.,
2014, 86(4): 1391-1452.

[2] Bhattacharya M, Giscard P L, Meystre P. Entanglement of a Laguerre-Gaussian cavity mode
with a rotating mirror[J]. Phys. Rev. A, 2008, 77(1): 013827.

[3] Liao J Q, Tian L. Macroscopic Quantum superposition in cavity optomechanics [J].
Phys. Rev. Lett., 2016, 116(16): 163602.

[4] Fleischhauer M, Imamoglu A, Marangos J P. Electromagnetically induced transparency:
Optics in coherent media[J]. Rev. Mod. Phys., 2005, 77(2): 633-673.

[5] Lai D G, Wang X, Qin W, et al. Tunable optomechanically induced transparency by
controlling the dark-mode effect[J]. Phys. Rev. A, 2020, 102(2): 023707.

[6] Grudinin I S, Lee H, Painter O, et al. Phonon laser action in a tunable two-level system[J].
Phys. Rev. Lett., 2010, 104(8): 083901.

[7] Xu X W, Li Y, Chen A X, et al. Nonreciprocal conversion between microwave and optical
photons in electro-optomechanical systems[J]. Phys. Rev. A, 2016, 93(2): 023827.

[8] Huang R, Miranowicz A, Liao J Q, et al. Nonreciprocal photon blockade [J].
Phys. Rev. Lett., 2018, 121(15): 153601.

[9] Wang D Y, Bai C H, Liu S, et al. Photon blockade in a double-cavity optomechanical system
with nonreciprocal coupling[J]. New J. Phys., 2020, 22: 093006.

[10] Zhang Z C, Wang Y P, Yu Y F, et al. Quantum squeezing in a modulated optomechanical
system[J]. Opt. Express, 2018, 26(9): 11915.

[11] Xiong B, Li X, Chao S L, et al. Optomechanical quadrature squeezing in the non-
Markovian regime[J]. Opt. Lett., 2018, 43(24): 6053.

[12] Bai C H, Wang D Y, Zhang S, et al. Strong mechanical squeezing in a standard
optomechanical system by pump modulation[J]. Phys. Rev. A, 2020, 101(5): 053836.

[13] Lü X Y, Wu Y, Johansson J R, et al. Squeezed optomechanics with phase-matched

amplification and dissipation[J]. Phys. Rev. Lett., 2015, 114(9): 093602.

[14]Lü X Y, Liao J Q, Tian L, et al. Steady-state mechanical squeezing in an optomechanical system via Duffing nonlinearity[J]. Phys. Rev. A, 2015, 91(1): 013834.

[15]Wang D Y, Bai C H, Liu S, et al. Dissipative bosonic squeezing via frequency modulation and its application in optomechanics[J]. Opt. Express, 2020, 28(20): 28942.

[16]Joeckel A, Faber A, Kampschulte T, et al. Sympathetic cooling of a membrane oscillator in a hybrid mechanical-atomic system[J]. Nat. Nanotechnol., 2015, 10(1): 55-59.

[17]Zhang W Z, Cheng J, Li W D, et al. Optomechanical cooling in the non-Markovian regime [J]. Phys. Rev. A, 2016, 93(6): 063853.

[18]Lai D G, Huang J F, Yin X L, et al. Nonreciprocal ground-state cooling of multiple mechanical resonators[J]. Phys. Rev. A, 2020, 102(1): 011502.

[19]Lai D G, Zou F, Hou B P, et al. Simultaneous cooling of coupled mechanical resonators in cavity optomechanics[J]. Phys. Rev. A, 2018, 98(2): 023860.

[20]Wang D Y, Bai C H, Liu S, et al. Optomechanical cooling beyond the quantum backaction limit with frequency modulation[J]. Phys. Rev. A, 2018, 98(2): 023816.

[21]Clerk A A, Devoret M H, Girvin S M, et al. Introduction to quantum noise, measurement, and amplification[J]. Rev. Mod. Phys., 2010, 82(2): 1155.

[22]Zhao W, Zhang S D, Miranowicz A, et al. Weak-force sensing with squeezed optomechanics [J]. Sci. China Phys. Mech. Astron., 2020, 63: 224211.

[23]Motazedifard A, Bemani F, Naderi M H, et al. Force sensing based on coherent quantum noise cancellation in a hybrid optomechanical cavity with squeezed-vacuum injection [J]. New J. Phys., 2016, 18: 073040.

[24]Huang S, Agarwal G S. Robust force sensing for a free particle in a dissipative optomechanical system with a parametric amplifier [J]. Phys. Rev. A, 2017, 95 (2): 023844.

[25]Vyatchanin S P, Matsko A B. Quantum speed meter based on dissipative coupling[J]. Phys. Rev. A, 2016, 93(6): 063817.

[26]Thompson J D, Zwickl B M, Jayich A M, et al. Strong dispersive coupling of a high-finesse cavity to a micromechanical membrane[J]. Nature, 2008, 452(7183): 72.

[27] Elste F, Girvin S M, Clerk A A. Quantum noise interference and backaction cooling in cavity nanomechanics[J]. Phys. Rev. Lett., 2009, 102(20): 207209.

[28] Xuereb A, Schnabel R, Hammerer K. Dissipative optomechanics in a Michelson-Sagnac interferometer[J]. Phys. Rev. Lett., 2011, 107(21): 213604.

[29] Mehmood A, Qamar S, Qamar S. Force sensing in a dissipative optomechanical system in the presence of parametric amplifier's pump phase noise[J]. Phys. Scr., 2019, 94(9): 095502.

[30] Huang S, Chen A. Improving the cooling of a mechanical oscillator in a dissipative optomechanical system with an optical parametric amplifier[J]. Phys. Rev. A, 2018, 98(6): 063818.

[31] Huang S, Chen A. Mechanical squeezing in a dissipative optomechanical system with an optical parametric amplifier[J]. Phys. Rev. A, 2020, 102(2): 023503.

[32] Sawadsky A, Kaufer H, Nia R M, et al. Observation of generalized optomechanical coupling and cooling on cavity resonance[J]. Phys. Rev. Lett., 2015, 114(4): 043601.

[33] Yamamoto K, Friedrich D, Westphal T, et al. Quantum noise of a Michelson-Sagnac interferometer with a translucent mechanical oscillator [J]. Phys. Rev. A, 2010, 81(3): 033849.

[34] Friedrich D, Kaufer H, Westphal T, et al. Laser interferometry with translucent and absorbing mechanical oscillators[J]. New J. Phys., 2011, 13: 093017.

[35] Imamoglu A, Schmidt H, Woods G, et al. Strongly interacting photons in a nonlinear cavity [J]. Phys. Rev. Lett., 1997, 79(8): 1467.

[36] Kumar T, Bhattacherjee A B, ManMohan. Dynamics of a movable micromirror in a nonlinear optical cavity[J]. Phys. Rev. A, 2010, 81(1): 013835.

[37] Huang S, Agarwal G S. Enhancement of cavity cooling of a micromechanical mirror using parametric interactions[J]. Phys. Rev. A, 2009, 79(1): 013821.

[38] Peano V, Schwefel H G L, Marquardt C, et al. Intracavity squeezing can enhance quantum-limited optomechanical position detection through deamplification [J]. Phys. Rev. Lett., 2015, 115(24): 243603.

[39] Wielinga B, Milburn G J. Quantum tunneling in a Kerr medium with parametric pumping [J]. Phys. Rev. A, 1993, 48(3): 2494.

［40］Shahidani S, Naderi M H, Soltanolkotabi M, et al. Steady-state entanglement, cooling, and tristability in a nonlinear optomechanical cavity［J］. J. Opt. Soc. Am. B, 2014, 31 (5): 1087.

［41］Shahidani S, Naderi M, Soltanolkotabi M. Normal-mode splitting and output-field squeezing in a Kerr-down conversion optomechanical system［J］. J. Mod. Opt., 2015, 62(2): 114.

［42］Kaino T, Tomaru S. Organic materials for nonlinear optics［J］. Adv. Mater., 1993, 5 (3): 172.

［43］Townsend P D, Baker G L, Jackel J L, et al. Polydiacetylene-based directional couplers and grating couplers: Linear and nonlinear transmission properties and all-optical switching phenomena［J］. Proc. SPIE, 1989, 1147: 256.

［44］Walls D F, Milburn G J. Quantum Optics［M］. Springer, 1994.

附　录

附录 A　第 6 章式(6.12)、式(6.16)、式(6.21)参数

在式(6.12)中，参数 $F_a(\omega)$，$F_b(\omega)$，$F_c(\omega)$，$F_d(\omega)$，$F_e(\omega)$ 和 $d(\omega)$ 的具体形式表示为

$$F_a(\omega) = G_{\text{atom}}^4 - 2G_{\text{atom}}^2\left[(\omega + \mathrm{i}\gamma_a)(\omega + \mathrm{i}\kappa) + \Delta\Delta_a\right] + 4G_{\text{opa}}^2\left[(\omega + \mathrm{i}\gamma_a)^2 - \Delta_a^2\right] +$$
$$\left[(\omega + \mathrm{i}\gamma_a)^2 - \Delta_a^2\right](\omega - \Delta + \mathrm{i}\kappa)(\omega + \Delta + \mathrm{i}\kappa)$$

$$F_b(\omega) = -2\mathrm{i}\sqrt{2\gamma_a}\,\mathrm{e}^{-\mathrm{i}\theta}G_{\text{atom}}\chi\omega_m\{-2\mathrm{i}c_s G_{\text{opa}}(\omega + \mathrm{i}\gamma_a + \Delta_a) +$$
$$c_s^*\,\mathrm{e}^{\mathrm{i}\theta}\left[G_{\text{atom}}^2 - (\omega + \mathrm{i}\gamma_a + \Delta_a)(\omega + \mathrm{i}\kappa + \Delta)\right]\}$$

$$F_c(\omega) = 2\sqrt{2\gamma_a}\,G_{\text{atom}}\chi\omega_m\{2c_s^*\,\mathrm{e}^{\mathrm{i}\theta}G_{\text{opa}}(\omega + \mathrm{i}\gamma_a - \Delta_a) + \mathrm{i}c_s\left[G_{\text{atom}}^2 - (\omega + \mathrm{i}\gamma_a - \Delta_a)(\omega + \mathrm{i}\kappa - \Delta)\right]\}$$

$$F_d(\omega) = \mathrm{i}2\sqrt{2\kappa}\,\mathrm{e}^{-\mathrm{i}\theta}\chi\omega_m(\omega + \mathrm{i}\gamma_a - \Delta_a)\{2\mathrm{i}c_s G_{\text{opa}}(\omega + \mathrm{i}\gamma_a + \Delta_a) - c_s^*\,\mathrm{e}^{\mathrm{i}\theta}\left[G_{\text{atom}}^2 - (\omega + \mathrm{i}\gamma_a + \Delta_a)(\omega + \mathrm{i}\kappa + \Delta)\right]\}$$

$$F_e(\omega) = -2\sqrt{2\kappa}\,\chi\omega_m(\omega + \mathrm{i}\gamma_a + \Delta_a)\{2c_s^*\,\mathrm{e}^{\mathrm{i}\theta}G_{\text{opa}}(\omega + \mathrm{i}\gamma_a - \Delta_a) + \mathrm{i}c_s\left[G_{\text{atom}}^2 - (\omega + \mathrm{i}\gamma_a - \Delta_a)(\omega + \mathrm{i}\kappa - \Delta)\right]\}$$

$$d(\omega) = T(\omega)J(\omega) + V(\omega) \tag{A.1}$$

在这里，参数 $T(\omega)$，$J(\omega)$，和 $V(\omega)$ 满足下式：

$$T(\omega) = G_{\text{atom}}^4 - 2G_{\text{atom}}^2\left[\Delta_a\Delta + (\omega + \mathrm{i}\gamma_a)(\omega + \mathrm{i}\kappa)\right] +$$
$$\left[(\omega + \mathrm{i}\gamma_a)^2 - \Delta_a^2\right]\left[4G_{\text{opa}}^2 + (\omega + \mathrm{i}\kappa - \Delta)(\omega + \mathrm{i}\kappa + \Delta)\right]$$

$$J(\omega) = 4\mathrm{e}^{-\mathrm{i}\theta}\chi^2\omega_m^2\{c_s c_s^*\,\mathrm{e}^{\mathrm{i}\theta}G_{\text{atom}}^2\Delta_a + (\mathrm{i}c_s^2 G_{\text{opa}} - \mathrm{i}c_s^{*2}\,\mathrm{e}^{2\mathrm{i}\theta}G_{\text{opa}} + c_s c_s^*\,\mathrm{e}^{\mathrm{i}\theta}\Delta)\left[(\omega + \mathrm{i}\gamma_a)^2 - \Delta_a^2\right]\}$$

$$V(\omega) = -\frac{\omega(\omega + \mathrm{i}\gamma_m)}{\omega_m} + \omega_m \tag{A.2}$$

在式(6.16)中，参数 $E_a(\omega)$，$E_b(\omega)$，$E_c(\omega)$，$E_d(\omega)$，$E_e(\omega)$ 和 $d_g(\omega)$ 的具体形式表示为

$$E_a(\omega) = \frac{2c_s^*\,\mathrm{e}^{\mathrm{i}\theta}G_{\text{opa}}(\omega + \mathrm{i}\gamma_a + \Delta_a)}{W(\omega)} - \frac{\mathrm{i}c_s\chi\omega_m^2\{G_{\text{atom}}^2 - (\omega + \mathrm{i}\gamma_a + \Delta_a)(\omega + \mathrm{i}\kappa + \Delta)\}}{W(\omega)}$$

$$E_b(\omega) = \frac{\sqrt{2\gamma_a}\,G_{\text{atom}}}{\omega + \mathrm{i}\gamma_a - \Delta_a}$$

$$E_c(\omega) = \frac{2\sqrt{2\gamma_a}\,G_{\text{atom}}c_s^2\chi^2\omega_m^3}{W(\omega)} + \frac{2\sqrt{2\gamma_a}\,\mathrm{i}\mathrm{e}^{\mathrm{i}\theta}G_{\text{opa}}G_{\text{atom}}(\omega^2 + \mathrm{i}\omega\gamma_m - \omega_m^2)}{W(\omega)}$$

$$E_d(\omega) = \sqrt{2\kappa}$$

$$E_e(\omega) = -\frac{2\sqrt{2\kappa}\,c_s^2\chi^2\omega_m^3(\omega + \mathrm{i}\gamma_a + \Delta_a)}{W(\omega)} - \frac{2\sqrt{2\kappa}\,\mathrm{i}\mathrm{e}^{\mathrm{i}\theta}G_{\text{opa}}(\omega + \mathrm{i}\gamma_a + \Delta_a)(\omega^2 + \mathrm{i}\omega\gamma_m - \omega_m^2)}{W(\omega)}$$

$$d_g(\omega) = (\kappa - \mathrm{i}\omega + \mathrm{i}\Delta) + \frac{\mathrm{i}G_{\text{atom}}^2}{(\omega + \mathrm{i}\gamma_a - \Delta_a)} + \frac{X_a(\omega)}{X_b(\omega)} \qquad (\text{A.3})$$

在这里，参数 $W(\omega)$，$X_a(\omega)$，$X_b(\omega)$ 表示为

$$W(\omega) = G_{\text{atom}}^2(\omega^2 + \mathrm{i}\omega\gamma_m - \omega_m^2) - (\omega + \mathrm{i}\gamma_a + \Delta_a)\{\omega^3 + \omega^2(\mathrm{i}\gamma_m + \mathrm{i}\kappa + \Delta) +$$

$$\omega_m^2(-\mathrm{i}\kappa - \Delta + 2c_sc_s^*\chi^2\omega_m) + \omega[\gamma_m(-\kappa + \mathrm{i}\Delta) - \omega_m^2]\}$$

$$X_a(\omega) = -4c_s^2\mathrm{e}^{-\mathrm{i}\theta}G_{\text{opa}}\chi^2\omega_m^3(\omega + \mathrm{i}\gamma_a + \Delta_a) + 4c_s^{*2}\mathrm{e}^{\mathrm{i}\theta}G_{\text{opa}}\chi^2\omega_m^3(\omega + \mathrm{i}\gamma_a + \Delta_a) -$$

$$2\mathrm{i}\{c_sc_s^*\chi^2\omega_m^3[G_{\text{atom}}^2 - (\omega + \mathrm{i}\gamma_a + \Delta_a)(\omega + \mathrm{i}\kappa + \Delta)] +$$

$$2G_{\text{opa}}^2(\omega + \mathrm{i}\gamma_a + \Delta_a)(\omega^2 + \mathrm{i}\omega\gamma_m - \omega_m^2)\}$$

$$X_b(\omega) = G_{\text{atom}}^2(-\omega^2 - \mathrm{i}\omega\gamma_m + \omega_m^2) + (\omega + \mathrm{i}\gamma_a + \Delta_a)\{\omega(\omega + \mathrm{i}\gamma_m)(\omega + \mathrm{i}\kappa + \Delta) -$$

$$(\omega + \mathrm{i}\kappa + \Delta)\omega_m^2 + 2c_sc_s^*\chi^2\omega_m^3\} \qquad (\text{A.4})$$

在式(6.21)中，参数 $S_{aa}^{\text{out}}(\omega)$，$S_{aa}^{\text{out}*}(\omega)$，$S_{a^\dagger a}^{\text{out}}(\omega)$ 和 $S_{aa^\dagger}^{\text{out}}(\omega)$ 表示为

$$S_{aa}^{\text{out}}(\omega) = \frac{1}{2}\left\{\left(\frac{2\gamma_m\omega}{\omega_m}\right)\left[2\coth\left(\frac{\hbar\omega}{2k_BT}\right)\right](2\kappa)Y_1(\omega)Y_1(-\omega) + (2\kappa)Y_2(-\omega)Y_3(\omega) + \right.$$

$$\left. (2\kappa)Y_2(\omega)Y_3(-\omega) + (2\kappa)Y_4(-\omega)Y_5(\omega) + (2\kappa)Y_4(\omega)Y_5(-\omega)\right\}$$

$$S_{a^\dagger a^\dagger}^{\text{out}}(\omega) = S_{aa}^{\text{out}*}(\omega)$$

$$S_{a^\dagger a}^{\text{out}}(\omega) = \frac{1}{2}\left\{\left(\frac{2\gamma_m\omega}{\omega_m}\right)\left[\coth\left(\frac{\hbar\omega}{2k_BT}\right) + 1\right](2\kappa)Y_1(\omega)Y_1^*(\omega) + \right.$$

$$\left(\frac{2\gamma_m\omega}{\omega_m}\right)\left[\coth\left(\frac{\hbar\omega}{2k_BT}\right) - 1\right](2\kappa)Y_1(-\omega)Y_1^*(-\omega) + (2\kappa)Y_3(\omega)Y_3^*(\omega) +$$

$$\left. (2\kappa)Y_3(-\omega)Y_3^*(-\omega) + (2\kappa)Y_5(\omega)Y_5^*(\omega) + (2\kappa)Y_5(-\omega)Y_5^*(-\omega)\right\}$$

$$S_{aa^\dagger}^{\text{out}}(\omega) = \frac{1}{2}\left\{\left(\frac{2\gamma_m\omega}{\omega_m}\right)\left[\coth\left(\frac{\hbar\omega}{2k_BT}\right) - 1\right](2\kappa)Y_1(\omega)Y_1^*(\omega) + \right.$$

$$\left(\frac{2\gamma_m\omega}{\omega_m}\right)\left[\coth\left(\frac{\hbar\omega}{2k_BT}\right) + 1\right](2\kappa)Y_1(-\omega)Y_1^*(-\omega) + (2\kappa)Y_2(\omega)Y_2^*(\omega) +$$

$$\left. (2\kappa)Y_2(-\omega)Y_2^*(-\omega) + (2\kappa)Y_4(\omega)Y_4^*(\omega) + (2\kappa)Y_4(-\omega)Y_4^*(-\omega)\right\} \qquad (\text{A.5})$$

附录 B　第 9 章式(9.7)、式(9.9)、式(9.12)、式(9.14)、式(9.19)参数

在式(9.7)中，参数 $x_a(\omega)$，$x_b(\omega)$，$x_c(\omega)$，$z_a(\omega)$，$z_b(\omega)$，$z_c(\omega)$ 表示为

$$x_a(\omega) = \frac{x_e}{d_d}, \ x_b(\omega) = \frac{x_f}{d_d}, \ x_c(\omega) = \frac{x_g}{d_d},$$

$$z_a(\omega) = \frac{z_e}{d_d}, \ z_b(\omega) = \frac{z_f}{d_d}, \ z_c(\omega) = \frac{z_g}{d_d} \tag{B.1}$$

在这里，参数 d_d，x_e，x_f，x_g，z_e，z_f 和 z_g 表示为

$$d_d = \omega(\omega + i\gamma_m)\left[V_d \cdot V_d^* + (iV_b + \omega)(iV_b^* + \omega)\right] + J \cdot \omega_m\left[-V_b^* \cdot V_c + V_b \cdot V_c^* - \right.$$
$$\left. V_c^* \cdot V_d + V_c \cdot V_d^* + i(V_c - V_c^*)\omega\right] - \omega_m^2\left[V_d \cdot V_d^* + (iV_b + \omega)(iV_b^* + \omega)\right]$$

$$x_e = -\omega_m\left\{J \cdot V_a(-V_b^* + V_d^* + i\omega) + L^*\left[V_d \cdot V_d^* + (iV_b + \omega)(iV_b^* + \omega)\right]\right\}$$

$$x_f = -\omega_m\left\{J \cdot V_a(V_b - V_d - i\omega) + L\left[V_d \cdot V_d^* + (iV_b + \omega)(iV_b^* + \omega)\right]\right\}$$

$$x_g = -H \cdot \omega_m\left[V_d \cdot V_d^* + (iV_b + \omega)(iV_b^* + \omega)\right]$$

$$z_e = L^* \cdot \omega_m(V_b^* \cdot V_c + V_c^* \cdot V_d - iV_c \cdot \omega) + V_a\left[J \cdot V_c^* \cdot \omega_m - (V_b^* - i\omega)(\omega^2 + i\omega \cdot \gamma_m - \omega_m^2)\right]$$

$$z_f = L \cdot \omega_m(V_b^* \cdot V_c + V_c^* \cdot V_d - iV_c \cdot \omega) + V_a\left\{-J \cdot V_c \cdot \omega_m + V_d\left[-\omega(\omega + i\gamma_m) + \omega_m^2\right]\right\}$$

$$z_g = H \cdot \omega_m(V_b^* \cdot V_c + V_c^* \cdot V_d - iV_c \cdot \omega)$$

其中，参数 H，J，L，V_a，V_b，V_c，V_d 分别表示为：$H = \dfrac{1}{\sqrt{m\hbar\omega_m}}$，$J = \dfrac{ig\varepsilon_l}{\sqrt{2\kappa_0}}$，$L = \dfrac{igc_s}{\sqrt{2\kappa_0}}$，

$V_a = \sqrt{2\kappa_0}\left(1 + \dfrac{gQ_s}{2\kappa_0}\right)$，$V_b = i(\Delta_c + 4\chi \cdot c_s \cdot c_s^*) + \kappa_0 + gQ_s$，$V_c = g\left(\dfrac{\varepsilon_l}{\sqrt{2\kappa_0}} - c_s\right)$，$V_d = 2(G \cdot$

$e^{i\theta} - i\chi \cdot c_s^2)$，其中上标 $*$ 表示共轭运算。

在式(9.9)中，参数 $\delta z_{\text{outa}}(\omega)$，$\delta z_{\text{outb}}(\omega)$，$\delta z_{\text{outc}}(\omega)$ 分别表示为：

$$\delta z_{\text{outa}}(\omega) = \frac{z_{oe}}{z_{od}}, \ \delta z_{\text{outb}}(\omega) = \frac{z_{of}}{z_{od}}, \ \delta z_{\text{outc}}(\omega) = \frac{z_{og}}{z_{od}} \tag{B.2}$$

在这里，参数 z_{oe}，z_{of}，z_{og} 和 z_{od} 分别表示为

$$z_{oe} = e^{-i\phi}(V_b^* - i\omega)(-1 - iL \cdot x_a + V_a \cdot z_a) + e^{i\phi}\left[L^* \cdot x_a(iV_b^* + \omega) + V_a(V_c^* \cdot x_a + V_d^* \cdot z_a)\right]$$

$$z_{of} = (V_a^2 + V_a \cdot V_c^* \cdot x_b - i(V_b^* - i\omega)(-i + L \cdot x_b - L^* \cdot x_b) + V_a(V_b^* + V_d^* - i\omega)z_b)\cos\phi$$
$$+ i(V_a^2 + (iV_b^* + \omega)(i + (L + L^*)x_b) + V_a\left[V_c^* \cdot x_b + (-V_b^* + V_d^* + i\omega)z_b\right])\sin\phi$$

$$z_{og} = \mathrm{e}^{-\mathrm{i}\phi}(V_b^* - \mathrm{i}\omega)(-\mathrm{i}L \cdot x_c + V_a \cdot z_c) + \mathrm{e}^{\mathrm{i}\phi}[L^*(\mathrm{i}V_b^* + \omega)x_c + V_a(V_c^* \cdot x_c + V_d^* \cdot z_c)]$$

$$z_{od} = \sqrt{2}(V_b^* - \mathrm{i}\omega)$$

在式(9.12)中，参数 Ca_a，Ca_b，Ca_c，Sa_a，Sa_b，Sa_c 分别表示为

$$\frac{1}{2}[A(\omega) \cdot A(-\omega) + B(\omega) \cdot B(-\omega)] = Sa_a \cdot \mathrm{e}^{-2\mathrm{i}\phi} + Sa_b \cdot \mathrm{e}^{2\mathrm{i}\phi} + Sa_c \tag{B.3}$$

$$C(\omega) \cdot C(-\omega) = Ca_a \cdot \mathrm{e}^{-2\mathrm{i}\phi} + Ca_b \cdot \mathrm{e}^{2\mathrm{i}\phi} + Ca_c$$

在这里，

$$Ca_a = -\frac{1}{2}(L \cdot x_c + \mathrm{i}V_a \cdot z_c)(L \cdot x_{ct} + \mathrm{i}V_a \cdot z_{ct})$$

$$Ca_b = -\frac{1}{2}(V_b^{*2} + \omega^2)^{-1}[L^* \cdot x_c(V_b^* - \mathrm{i}\omega) - \mathrm{i}V_a(V_c^* \cdot x_c + V_d^* \cdot z_c)]$$
$$\cdot [L^* \cdot x_{ct}(V_b^* + \mathrm{i}\omega) - \mathrm{i}V_a(V_c^* \cdot x_{ct} + V_d^* \cdot z_{ct})]$$

$$Ca_c = \frac{1}{2}(V_b^{*2} + \omega^2)^{-1}\{L \cdot x_{ct}[-2\mathrm{i}V_a \cdot V_b^* \cdot V_c^* \cdot x_c + 2L^* x_c(V_b^{*2} + \omega^2) + V_a \cdot V_d^* \cdot z_c(-\mathrm{i}V_b^* + \omega)] +$$
$$V_a[V_a \cdot V_c^* \cdot x_{ct} \cdot z_c(V_b^* - \mathrm{i}\omega) + V_a \cdot V_c^* \cdot x_c \cdot z_{ct}(V_b^* + \mathrm{i}\omega) + 2V_a \cdot V_b^* \cdot V_d^* \cdot z_c \cdot z_{ct} +$$
$$\mathrm{i}L^*(V_b^{*2} + \omega^2)(x_{ct} \cdot z_c + x_c \cdot z_{ct})] + L \cdot V_a \cdot V_d^* \cdot x_c \cdot z_{ct}(-\mathrm{i}V_b^* - \omega)\}$$

$$Sa_a = \frac{1}{4}\{-L^2(x_{at} \cdot x_b + x_a \cdot x_{bt}) + V_a[(-1 + V_a \cdot z_{at}) \cdot z_b + (-1 + V_a \cdot z_a) \cdot z_{bt}] -$$
$$\mathrm{i}L[-x_{bt} + V_a \cdot x_{bt} \cdot z_a + x_b(-1 + V_a \cdot z_{at}) + V_a \cdot x_{at} \cdot z_b + V_a \cdot x_a \cdot z_{bt}]\}$$

$$Sa_b = \frac{1}{4}(V_b^{*2} + \omega^2)^{-1}\{-L^{*2}(V_b^{*2} + \omega^2)(x_{at} \cdot x_b + x_a \cdot x_{bt}) +$$
$$V_a[-\mathrm{i}\omega(V_c^* \cdot x_a - V_c^* \cdot x_{at} + V_d^* \cdot z_a - V_d^* \cdot z_{at}) + V_a^2 \cdot V_c^*(x_a + x_{at}) +$$
$$V_a^2 \cdot V_d^*(z_a + z_{at}) - V_b^* \cdot V_c^*(x_a + x_{at}) + V_b^* \cdot V_d^*(z_a + z_{at}) + V_a \cdot V_c^{*2}(x_{at} \cdot x_b + x_a \cdot x_{bt}) +$$
$$V_a \cdot V_c^* \cdot V_d^*(x_{bt} \cdot z_a + x_b \cdot z_{at} + x_{at} \cdot z_b + x_a \cdot z_{bt}) + V_a \cdot V_d^{*2}(z_{at} \cdot z_b + z_a \cdot z_{bt})] +$$
$$\mathrm{i}L^*[-(V_b^{*2} + \omega^2)(x_a + x_{at}) - \mathrm{i}\omega \cdot V_a^2(x_a - x_{at}) + V_a^2 \cdot V_b^*(x_a + x_{at}) +$$
$$\mathrm{i}V_a \cdot V_d^* \cdot \omega(x_{bt} \cdot z_a - x_b \cdot z_{at} + x_{at} \cdot z_b - x_a \cdot z_{bt}) +$$
$$2V_a \cdot V_b^* \cdot V_c^*(x_{at} \cdot x_b + x_a \cdot x_{bt}) + V_a \cdot V_b^* \cdot V_d^*(x_{bt} \cdot z_a + x_b \cdot z_{at} + x_{at} \cdot z_b + x_a \cdot z_{bt})]\}$$

$$Sa_c = \frac{1}{4}(V_b^{*2} + \omega^2)^{-1}\{(V_b^{*2} + \omega^2)[2 + \mathrm{i}L(x_a + x_{at}) - \mathrm{i}L^* \cdot x_b + 2L \cdot L^* \cdot x_{at} \cdot x_b +$$
$$L^*(-\mathrm{i} + 2L \cdot x_a)x_{bt}] + V_a^3[-\mathrm{i}\omega(z_a - z_{at}) + V_b^*(z_a + z_{at})] + V_a^2\omega[L(-x_a + x_{at}) +$$
$$\mathrm{i}V_c^*(-x_{bt} \cdot z_a + x_b \cdot z_{at} - x_{at} \cdot zb + x_a \cdot z_{bt})] + V_a^2 V_b^*[-2 - \mathrm{i}L(x_a + x_{at}) +$$
$$V_b^*(xbt \cdot z_a + x_b \cdot z_{at} + x_{at} \cdot zb + x_a \cdot z_{bt}) + 2V_d^*(z_{at} \cdot z_b + z_a \cdot z_{bt})] +$$
$$\mathrm{i}V_a\{V_b^{*2}[(\mathrm{i} + L^* \cdot x_{bt})z_a + \mathrm{i} \cdot z_{at} + L^* \cdot x_b \cdot z_{at} + L^* \cdot x_{at} \cdot z_b + L^* \cdot x_a \cdot z_{bt}] +$$

$$\omega V_c^* (- x_b + x_{bt}) + \omega^2 (\mathrm{i} \cdot z_a + L^* \cdot x_{bt} \cdot z_a + \mathrm{i} \cdot z_{at} + L^* \cdot x_b \cdot z_{at} + L^* \cdot x_{at} \cdot z_b + L^* \cdot x_a \cdot z_{bt}) +$$

$$\omega V_d^* \left[- z_b + z_{bt} + \mathrm{i} L(- x_{bt} \cdot z_a + x_b \cdot z_{at} - x_{at} \cdot z_b + x_a \cdot z_{bt}) \right] -$$

$$V_b^* V_c^* \left[(- \mathrm{i} + 2L \cdot x_{at}) x_b + (- \mathrm{i} + 2L \cdot x_a) x_{bt} \right] -$$

$$V_b^* V_d^* \left[- \mathrm{i}(z_b + z_{bt}) + L(x_{bt} \cdot z_a + x_b \cdot z_{at} + x_{at} \cdot z_b + x_a \cdot z_{bt}) \right] \Big\} \Big\} \Big|$$

其中，$x_{at} = x_a(- \omega)$，$x_{bt} = x_b(- \omega)$，$x_{ct} = x_c(- \omega)$，$z_{at} = z_a(- \omega)$，$z_{bt} = z_b(- \omega)$，和 $z_{ct} = z_c(- \omega)$。

在式(9.14)中，参数 λ_a，λ_b，λ_c 分别表示为

$$\lambda_a = 2Ca_b \cdot Sa_a - 2Ca_a \cdot Sa_b + \sqrt{\lambda_c}$$

$$\lambda_b = 2(Ca_c \cdot Sa_b - Ca_b \cdot Sa_c)$$

$$\lambda_c = (2Ca_b \cdot Sa_a - 2Ca_a \cdot Sa_b)^2 + 4(Ca_c \cdot Sa_a - Ca_a \cdot Sa_c)(Ca_c \cdot Sa_b - Ca_b \cdot Sa_c)$$

$$(\mathrm{B}.4)$$

在式(9.19)中，参数 $\langle \delta Q^2 \rangle$ 和 $\langle \delta P^2 \rangle$ 分别表示为

$$\langle \delta Q^2 \rangle = \frac{1}{2\pi} \int_{-\infty}^{+\infty} S_Q(\omega) \mathrm{d}\omega = \frac{1}{2\pi} \left(\frac{\pi \mathrm{i} M_{dg}}{\Delta_{dg}} \right)$$

$$\langle \delta P^2 \rangle = \frac{1}{2\pi} \int_{-\infty}^{+\infty} S_P(\omega) \mathrm{d}\omega = \frac{1}{2\pi} \frac{1}{\omega_m^2} \left(\frac{\pi \mathrm{i} M_{dt}}{\Delta_{dt}} \right) \qquad (\mathrm{B}.5)$$

在这里，

$$M_{dg} = - \left[b_{ag}(- a_{bg} \cdot a_{eg} + a_{cg} \cdot a_{dg}) - a_{ag} \cdot a_{dg} \cdot b_{bg} + a_{ag} \cdot a_{bg} \cdot b_{cg} + \left(\frac{a_{ag} \cdot b_{dg}}{a_{eg}} \right) (a_{ag} \cdot a_{dg} - a_{bg} \cdot a_{cg}) \right]$$

$$\Delta_{dg} = a_{ag}(a_{ag} \cdot a_{dg} \cdot a_{dg} + a_{bg} \cdot a_{bg} \cdot a_{eg} - a_{bg} \cdot a_{cg} \cdot a_{dg})$$

$$M_{dt} = - \left[b_{at}(- a_{bg} \cdot a_{eg} + a_{cg} \cdot a_{dg}) - a_{ag} \cdot a_{dg} \cdot b_{bt} + a_{ag} \cdot a_{bg} \cdot b_{ct} + \left(\frac{a_{ag} \cdot b_{dt}}{a_{eg}} \right) (a_{ag} \cdot a_{dg} - a_{bg} \cdot a_{cg}) \right]$$

$$\Delta_{dt} = \Delta_{dg}$$

此外，参数 a_{ag}，a_{bg}，a_{cg}，a_{dg}，a_{eg} 分别表示为

$$a_{ag} = 1$$

$$a_{bg} = \mathrm{i} V_b + \mathrm{i} V_b^* + \mathrm{i} \gamma_m$$

$$a_{cg} = - V_b \cdot V_b^* + V_d \cdot V_d^* - V_b \cdot \gamma_m - V_b^* \cdot \gamma_m - \omega_m^2$$

$$a_{dg} = - \mathrm{i} V_b \cdot V_b^* \cdot \gamma_m + \mathrm{i} V_d \cdot V_d^* \cdot \gamma_m + \mathrm{i} J \cdot V_c \cdot \omega_m - \mathrm{i} J \cdot V_c^* \cdot \omega_m - \mathrm{i} V_b \cdot \omega_m^2 - \mathrm{i} V_b^* \cdot \omega_m^2$$

$$a_{eg} = - J \cdot V_b^* \cdot V_c \cdot \omega_m + J \cdot V_b \cdot V_c^* \cdot \omega_m - J \cdot V_c^* \cdot V_d \cdot \omega_m +$$

$$J \cdot V_c \cdot V_d^* \cdot \omega_m + V_b \cdot V_b^* \cdot \omega_m^2 - V_d \cdot V_d^* \cdot \omega_m^2 \qquad (\mathrm{B}.6)$$

参数 b_{ag}，b_{bg}，b_{cg}，b_{dg} 分别表示为

$$b_{ag} = 0$$

$$b_{bg} = L \cdot L^* \cdot \omega_m^2 + 2H^2 \cdot k_B \cdot m \cdot T \cdot \gamma_m \cdot \omega_m^2$$

$$b_{cg} = (-J^2 \cdot V_a^2 + J \cdot V_a(-L^* \cdot (V_b^* + V_d) + L \cdot (V_b + V_d^*)) +$$

$$(V_b^2 + V_b^{*2} + 2V_d \cdot V_d^*)(L \cdot L^* + 2H^2 \cdot k_B \cdot m \cdot T \cdot \gamma_m)) \cdot \omega_m^2$$

$$b_{dg} = \{-[J \cdot V_a(V_b^* - V_d^*) + L^* \cdot (V_b \cdot V_b^* - V_d \cdot V_d^*)][J \cdot V_a(V_b - V_d) +$$

$$L \cdot (-V_b \cdot V_b^* + V_d \cdot V_d^*)] + 2H^2 \cdot k_B \cdot m \cdot T \cdot (V_b \cdot V_b^* - V_d \cdot V_d^*)^2 \cdot \gamma_m\} \cdot \omega_m^2$$

$$(\text{B.7})$$

参数 b_{at}，b_{bt}，b_{ct}，b_{dt} 分别表示为：$b_{at} = b_{bg}$，$b_{bt} = b_{cg}$，$b_{ct} = b_{dg}$，$b_{dt} = 0$。